普通高等教育艺术设计类『十二五』规划教材

平面设计专业

书籍设计

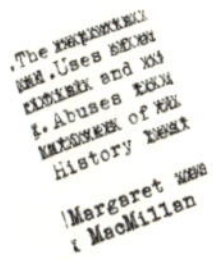

主编 薛慧峰 白松楠
副主编 南吉 边少平 王丽英

中国水利水电出版社
www.waterpub.com.cn

内 容 提 要

本书系统阐述了书籍装帧设计的概念、发展历程，书籍装帧的元素，书籍的插图设计，书籍的整体编排设计，书籍装帧的创新设计以及书籍的印刷工艺等内容，并列举了书籍设计的大量优秀设计实例。本书内容涵盖了书籍设计课程的基本知识点和技能点，理论与实践相结合，符合当代书籍设计人才对于专业知识与实践技能相结合的需求。

本书适合高等院校、高职高专、成人、函授、网络教育，自学考试专业培训等艺术设计类专业学生的教材或教辅使用，也可供相关专业人士参考。

图书在版编目（CIP）数据

书籍设计 / 薛慧峰，白松楠主编. -- 北京 : 中国水利水电出版社，2013.1
普通高等教育艺术设计类“十二五”规划教材
ISBN 978-7-5170-0355-7

Ⅰ. ①书… Ⅱ. ①薛… ②白… Ⅲ. ①书籍装帧－设计－高等学校－教材 Ⅳ. ①TS881

中国版本图书馆CIP数据核字(2013)第011969号

书　名	普通高等教育艺术设计类“十二五”规划教材 **书籍设计**
作　者	主编　薛慧峰　白松楠　副主编　南吉　边少平　王丽英
出版发行	中国水利水电出版社 （北京市海淀区玉渊潭南路 1 号 D 座　100038） 网址：www.waterpub.com.cn E-mail：sales@waterpub.com.cn 电话：(010) 68367658（发行部）
经　售	北京科水图书销售中心（零售） 电话：(010) 88383994、63202643、68545874 全国各地新华书店和相关出版物销售网点
排　版	北京时代澄宇科技有限公司
印　刷	北京嘉恒彩色印刷有限责任公司
规　格	210mm×285mm　16 开本　6 印张　158 千字
版　次	2013 年 1 月第 1 版　　2013 年 1 月第 1 次印刷
印　数	0001—3000 册
定　价	29.00 元

QIANYAN 前　言

本书根据高等院校的办学定位、课程目标、人才培养目标，系统阐述了书籍装帧的理论知识，要求学生掌握书籍装帧的构成要素、设计构思、设计程序及表现方法，能够独立展开设计工作，并制作完成一本精美的书籍。同时要求学生了解书籍装帧的创新形式，力求使学生的书籍装帧作品具有鲜明的个性特征。

本书在内容上遵循循序渐进、理论联系实际的原则，融合教与学两方面的规律，对于书籍设计的理论知识与实际应用技巧做了全方位的分析，并且配有丰富的中外书籍装帧作品，引导学生从实践中归纳、发现应用技巧并领悟出书籍装帧的基本规律，将感性认识与理性分析完美结合，从而提高学生对于书籍装帧设计的实际操作能力。

通过对本书的学习，学生能够掌握书籍整体设计的新知识、新方法和新的艺术表现形式，从而能够根据书籍内容设计出具有艺术特色并且实用的书籍作品。

由于时间和条件的限制，书中引用的作品未能一一署名，在此，谨对所有收集在本书中作品的设计者表示衷心地感谢！

最后，真诚希望本书可以为广告设计专业学生、广告设计爱好者提供有益的参考和帮助。限于编者水平，书中不足和疏漏之处，恳请读者批评指正。

编者

2012 年 10 月

课时安排

建议课时：52 课时（其中：理论 20 课时，实践 32 课时）

课程思路：本课程侧重从艺术性、科学性相结合的角度，提高学生的综合艺术素质和艺术设计的表现与创新能力。

课题名称	课程内容	课时
第 1 章　书籍装帧概述	1.1　书籍装帧的概念	4
	1.2　中国书籍装帧设计的历史演进	
	1.3　外国书籍装帧设计的历史演进	
	1.4　现代书籍装帧的发展方向	
第 2 章　书籍装帧的元素	2.1　书籍的结构	20
	2.2　书籍的分类	
	2.3　书籍的开本	
	2.4　书籍封面设计	
	2.5　书籍函套设计	
	2.6　书籍零页设计	
	2.7　正文页设计	
第 3 章　书籍插图设计	3.1　插图设计概述	8
	3.2　插图的分类及形式	
第 4 章　书籍整体编排设计	4.1　书籍版式设计的风格	8
	4.2　网格系统	
	4.3　版式设计中的文字编排	
第 5 章　书籍装帧的创新设计	5.1　概念书籍的设计	4
	5.2　电子书的设计	
第 6 章　书籍印刷工艺	6.1　制版	8
	6.2　拼版	
	6.3　设计与装订	

MULU 目 录

第 5 章 书籍装帧的创新设计

第 6 章 书籍印刷工艺

第1章 书籍装帧概述

1.1 书籍装帧的概念

1.1.1 概念

“装帧”一词源于日本，“帧”为量词，装帧的本意是将纸张折叠为一帧，然后再装订起来。书籍装帧的概念即是由此产生。

现代书籍装帧的概念从最初单一的注重装订工艺，发展到注重书籍内外整合、全方位的包装和美化书籍，一本书以优美的封面、插图、编排、字体设计为依托，全面展示了装帧设计过程，包含了印前、印刷及印后对书籍整体形态与传达效果的分析。这是设计理念的一次质的飞跃，是对原有的传统的书籍形式的一种突破和创新，也是对书籍整体形态的艺术性、技术性的重新定位和提升。

图 1-1-1　国外畅销书设计

1.1.2 功能

1. 促进销售功能

书籍装帧的销售功能可分为两个方面——实用功能和审美功能。实用功能体现在有利于阅读、促进购买及保护书籍等方面。审美功能体现在其“愉悦”作用，能给人以精神上的享受，烘托阅读氛围等。设计师通过对书稿独到的理解与感悟，运用富有概括性与创意性的图片、色彩、版式、文字等元素，创造出能够表现和美化书稿内涵、氛围的装帧形式，使原本平淡的书稿变得生动，艺术性地美化了其外在的形式，使读者在阅读书籍内容的同时，在视觉上也能获得一种审美的享受（见图 1-1-1）。

书籍装帧所赋予书籍整体形式的实用性和视觉美感，无形中成为了商品的附加值，在竞争日趋激烈的市场条件下，书籍能否畅销，很大程度上取决于书籍的装帧形式，“不用言语的说服者”可谓是对优秀书籍装帧的形象说明。

2. 传达信息功能

书籍装帧承载着书稿内容，是传达信息的载体，它以明确、艺术化的方式把书稿内容的信息传达给消费者，使消费者在较短时间内就能够了解书籍的内容。

3. 保护功能

把零散的书页或纸张装订成册，可以使书籍坚固、美观，易于读者翻阅和保存，并使其在翻阅、运输和储存时不被损坏（见图 1-1-2）。

图 1-1-2　书籍的保护功能

1.2　中国书籍装帧设计的历史演进

1.2.1　甲骨文书——起源与形成时期

图 1-2-1　商代甲骨文

原始时代从甲骨刻字，到造纸术与印刷术发明之前的原始装帧技术，在形式上都是取材于自然界的现成物质材料，如在石头、甲壳、兽骨、金属、陶瓷砖瓦上刻写文字，形成当时的“书籍”。

最早的书籍可以追溯到远古时代。当远古时期的人们把文字、符号依附在兽骨、兽皮、青铜、陶器等材料上时，书籍的雏形就出现了。随着社会经济和文化的逐步发展，又经历了大篆、小篆、隶书、草书、楷书及行书等字体的演变，书籍的材质和形式也随之逐渐完善（见图 1-2-1）。据考古发现，周代已经使用玉版这种高档的材质书写或刻文字了，但由于其材质名贵，用量并不是很多，多为上层社会的用品。

1.2.2 竹简木牍——发展与成型时期

在春秋战国时期出现的简策、帛书，以及造纸术发明之后的卷轴装、旋风装这四种装帧形态便是我国书籍装帧的发展与成型时期。之所以将这四种装帧形态划分为一个时期，是因为它们都是以卷装为其主要的装帧形态特征。

中国正规书籍的最早载体是竹和木。把竹子加工成统一规格的竹片，为防止日久虫蛀和变形，要放置于火上烘烤后蒸发竹片中的水分，而后在竹片上书写文字，这就是竹简。把这些竹简以绳或皮条穿连成“册”，称为“简策”（见图 1-2-2 和图 1-2-3）。

图 1-2-2 居延汉简

图 1-2-3 云梦睡虎地秦简

1.2.3 帛书

帛，是丝织品的统称，大致相当于今天的书画用的绢。帛质轻，易折叠，书写方便，尺寸可长可短，用帛书写文字后卷成一束，称为“一卷”。帛常作为书写材料与简牍同期使用。简牍和缣帛作为书写材料的形式被书史学家认为是真正意义上的书籍。

1.2.4 卷轴装

卷轴装始于帛书，即将抄写好内容的缣帛一块一块的粘接在一起，在末尾加上一根轴，并以此为轴心从尾端向前卷成帛卷，就形成了以缣帛为书写材料的卷轴装（见图 1-2-4）。

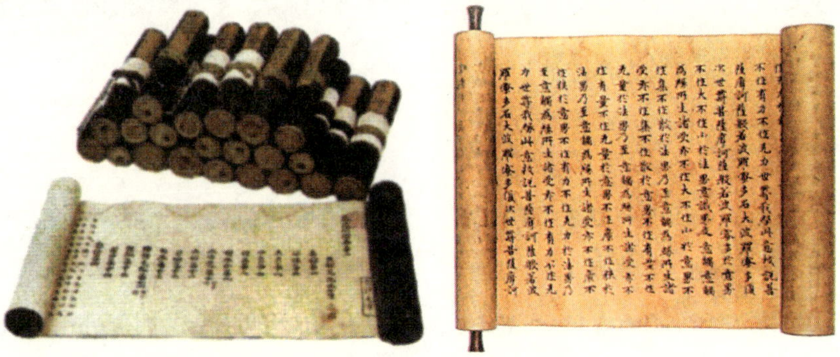

图 1-2-4 卷轴装帛书

1.2.5 经折装

经折装是在卷轴装的形式上改进而来的。随着社会发展和人们对阅读书籍需求的提高，卷轴装的许多弊端逐步暴露出来，因为看阅卷轴装书籍的中后部分时也要从头打开，看完后还要再卷起，非常麻烦。经折装的出现适应新的需求，大大方便了阅读，同时便于取放（见图 1-2-5）。

1.2.6 旋风装

旋风装由卷轴装发展演变而来，亦称“旋风叶”、“龙鳞装”。其形式是长纸作底，首页全裱于卷首，自次后页依次贴于底卷上，如鳞状有序排列（见图 1-2-6）。它保留了卷轴装的优点，改进了其缺点，是卷装最后一种书籍装帧形态，同时也是中国书籍由卷轴装向册页装发展的早期过渡形式。

图 1-2-5 经折装

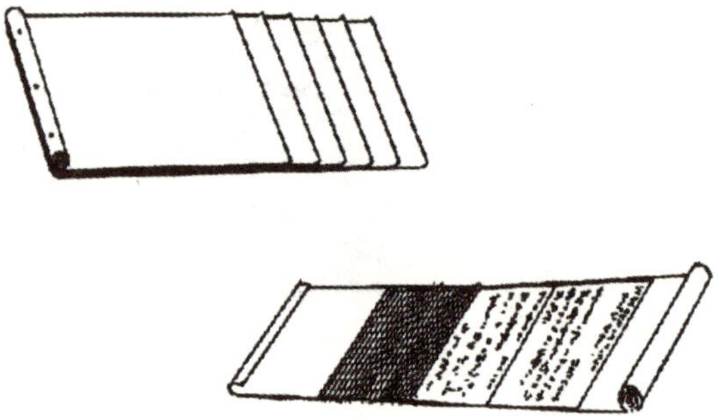

图 1-2-6 旋风装

1.2.7 蝴蝶装

约在唐代后期出现蝴蝶装，宋朝盛行。蝴蝶装是指将印有文字的书页面朝里对折起来，再以中缝为准粘附在底衬纸上，最后裁齐成册的装订形式。

1.2.8 包背装

包背装又称裹背装，它是在蝴蝶装基础上发展而来的装订形式。它和蝴蝶装的主要区别是：对折书页时印有文字的书页面朝外，背面相对，书页呈双页。

1.2.9 线装

线装书是指把两张纸分别贴在书的前面和后面作为封面和封底，书脊、锁线打眼订线外露，锁线法可分为四针眼、六针眼、八针眼订法（见图 1-2-7）。它的特点是便于翻阅，不易散破。线装书是我国特有的装帧艺术形式，具有极强的民族风格，至今仍在国际上享有很高的声誉，是“中国风”书籍的象征。

图 1-2-7　线装书

1.2.10　简装

中国现代书籍装帧设计起源于明末清初，尤其“五四”时期在新文化运动的推进和西方科学技术的影响下，书籍装帧设计逐渐打破旧的传统，开拓出了新的局面。这一时期在鲁迅先生的积极倡导下，在丰子恺、陶元庆、钱君匋等一大批著名书籍装帧艺术家的努力之下，中国的书籍装帧艺术开辟了一个新时代。鲁迅先生是中国“五四”以来第一位对封面、版式等书籍装帧设计方面进行研究的人，他是我国现代书籍装帧设计艺术的开拓者和倡导者。20 世纪 60 年代，出版物品种单一，设计作品带有明显的政治倾向，印制粗糙，设计思路狭窄，口号代替了创作，书籍装帧设计行业一度跌入谷底。政治激进导致书籍产业陷入一片“红色海洋”。进入 80 年代，改革开放政策大力推动了装帧艺术的发展，书籍艺术趋于多样化。

简装，也称“平装”，是铅字印刷以后近现代书籍普遍采用的一种装帧形式。其形式多样，有骑马订、胶背订、锁线订、活页装及散装等。

1.2.11　精装

精装书籍在清代已经出现，西方《圣经》、《法典》等书籍多为精装。精装书最大的优点是坚固且经久耐用。精装书的内页多为锁线钉结合胶背装，多使用皮、革、织物等厚重坚实且韧性较强的材质做护封、封面和封底用材，工艺技术也较复杂。精装书印制要求高，设计精美独特。

中国书籍装帧的演进和发展过程，至今有 2000 多年的历史。在长期的演进过程中逐渐形成古朴简洁、典雅实用的东方特有的形式，在世界书籍装帧设计史上占有着重要的地位。

1.3 外国书籍装帧设计的历史演进

几千年来，世界各国的书籍文化，也在随着技术的进步而不断发展。在国外有莎草纸书（见图 1–3–1）、蜡版书、泥版书、手抄书及羊皮纸书（见图 1–3–2）。

图 1–3–1 写在莎草纸上的典籍

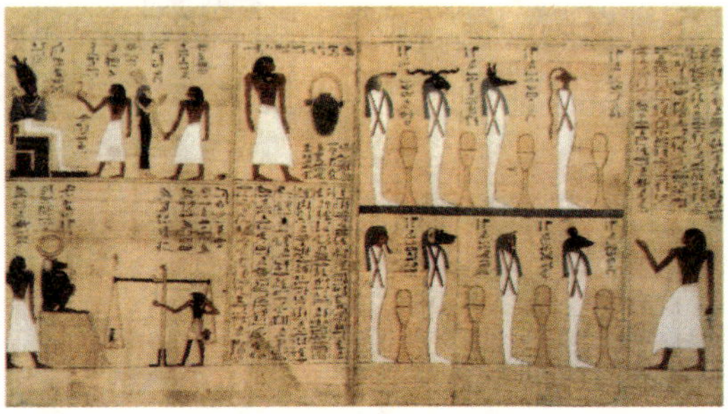

图 1–3–2 羊皮书

1.3.1 国外书籍的早期形式

最早的象形文字和表音文字产生于公元前 4000 年末期的幼发拉底河和尼罗河岸边，在四大文明古国之一的古埃及最早使用的书写材料是莎草茎制成的莎草纸，它的书籍形式是写上字的书卷，一般为 6m 长，12 ~ 30cm 宽，阅读时展开，用完再卷起。在古巴比伦使用的是刻有楔形文字后再用火烘干的泥板（见图 1–3–3）。

图 1–3–3 泥板

1.3.2 欧洲的古抄本

欧洲的许多国家先后产生了十分绚丽的抄本书籍。在这样的土壤中产生了卡罗林和哥特艺术风格时期书籍艺术的顶峰。这一时期的字体也有了改变，与哥特式建筑一起产生的哥特字体，主要在宗教书籍中使用。

图 1-3-4　古腾堡《圣经》内页部分

1.3.3　古腾堡

到了 5 世纪左右册本基本取代了卷轴而成为了西方书籍的主要形式。随着中国印刷术的引入，西方逐步摆脱了手抄书籍的束缚，开始以雕版的方式进行着印刷书籍的尝试。15 世纪中叶，德国人古腾堡发明了金属活字印刷术和木制的印刷机，直到 20 世纪以后，西方书籍在整体视觉面貌上都保持了古腾堡时代形成的基本特征（见图 1-3-4）。从 19 世纪末的工艺美术运动的领袖人物——英国的威廉·莫里斯将这种书籍的古典风格推向了极致。

1.3.4　欧洲文艺复兴以后的书籍艺术

欧洲在 14 世纪开始了文艺复兴运动。在文艺复兴运动的发起国——意大利、法国及德国的大城市中产生了商业性的抄写工厂，他们为读者生产书籍，并由流动书商进行销售。书籍的商品化促进了这一时期的书籍，以及书籍装帧设计进一步的发展和成熟（见图 1-3-5）。

19 世纪下半叶到 20 世纪初期，工业革命使得西方资本主义世界迅速发展，印刷水平大幅度提高，西方世界书籍装帧艺术蓬勃发展。

在 19 世纪初，英国曾经是世界书籍艺术的中心，威廉·莫里斯（1830—1896 年）被人们誉为现代书籍艺术的开拓者。莫里斯开办印刷工厂专门从事书籍装帧设计，他用精美的皮革、丝绸、麻织等面料制作精装书，采用细腻流畅的花草植物纹样做封面图案，形成以优雅、华丽著称的装帧艺术风格（见图 1-3-6）。

图 1-3-5　欧洲文艺复兴时期的书籍

图 1-3-6　威廉·莫里斯的装帧艺术风格

1.4　现代书籍装帧的发展方向

在当今社会，科学文化迅速发展与交流频繁，以及激光和电子技术的广泛应用，促使书籍装帧在材料上异彩纷呈。视觉的、听觉的、触觉的、嗅觉的传播媒介纷沓而至，将数千年的铅字文化发挥到淋漓尽致。

现代书籍形态设计追求对传统装帧观念的突破主要体现在以下几方面。首先，书籍形态的塑造，是一个由出版者、编辑、设计家、印刷装订者共同完成的系统工程。其次，书籍形态是包含“造型”和“神态”的二重构造。前者是书的物性构造，它以美观、方便、实用的意义构成书籍直观的静止之美。后者是书的理性构造，它以丰富易懂的信息，科学合理的构成，丰富的创意和各类要素的充分利用，构成了书籍内容活性化的流动之美。涉及的元素为：开本的大小，版式的规格，印纸的优劣，墨色的好坏，字体的风格，刀法的精疏，版画插图的精细与否，装帧与内容的呼应等，造型和神态的完美结合，则共同创造出形神兼备的、具有生命力和保存价值的书籍（见图 1-4-1 ~图 1-4-4）。

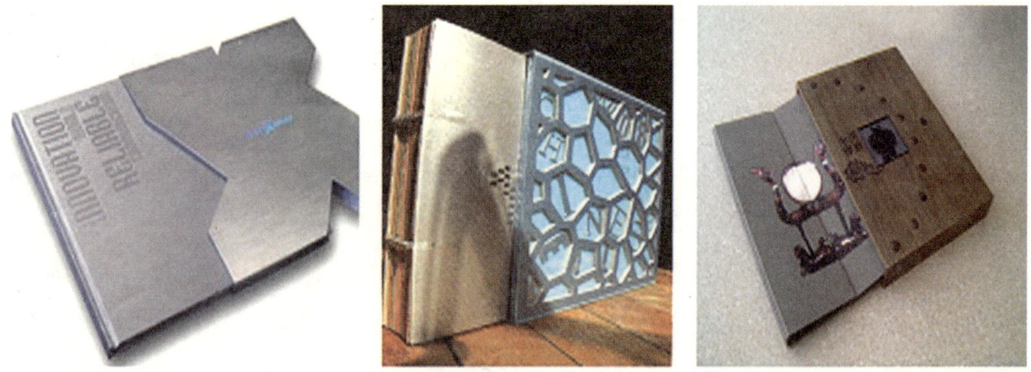

图 1-4-1　书籍的材质美感突出文化感和民族性

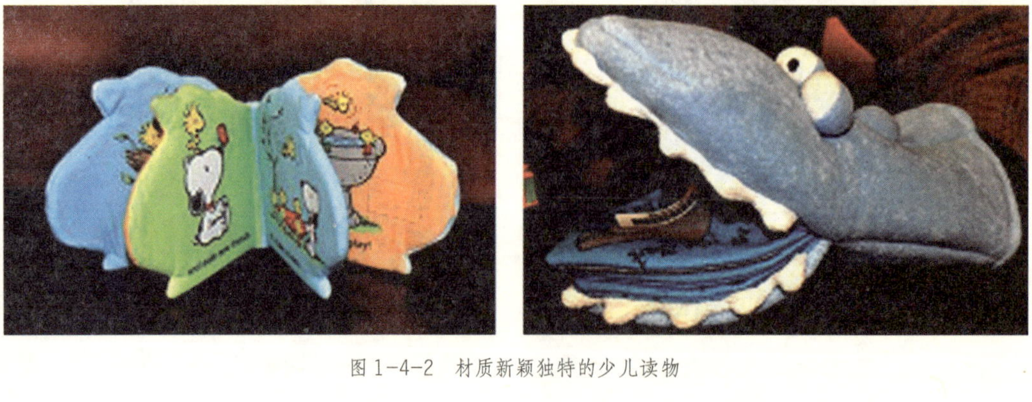

图 1-4-2　材质新颖独特的少儿读物

图 1-4-3　风格迥异的书籍装订工艺

图 1-4-4　书籍形态的异化与创新

装帧设计在近 200 年的发展中，给社会和人类提供了极大的方便，促进了人们的信息传达，刺激了思想的沟通和交流，也同时形成了一种新的视觉艺术和视觉文化范畴。随着国际交往的频繁，贸易的发展，技术的进步，装帧设计所肩负的任务必然越来越重。虽然装帧设计的语言运用变化万千，但是其服务的对象还是人，人的生理审美要求（包括简单物理功能要求——体现在装帧设计上就是视觉传达的迅速和准确要求）和人的心理审美要求——美观、大方、典雅、合乎自己的品位等，这些其实并没有多大的改变。因此，对于近 200 年来装帧设计语言的发展的研究和装帧设计语言运用的研究成为重新估价衡量新的书籍审美的价值标准。

第2章
书籍装帧的元素

2.1 书籍的结构

书籍各部分的名称如图 2-1-1 所示。

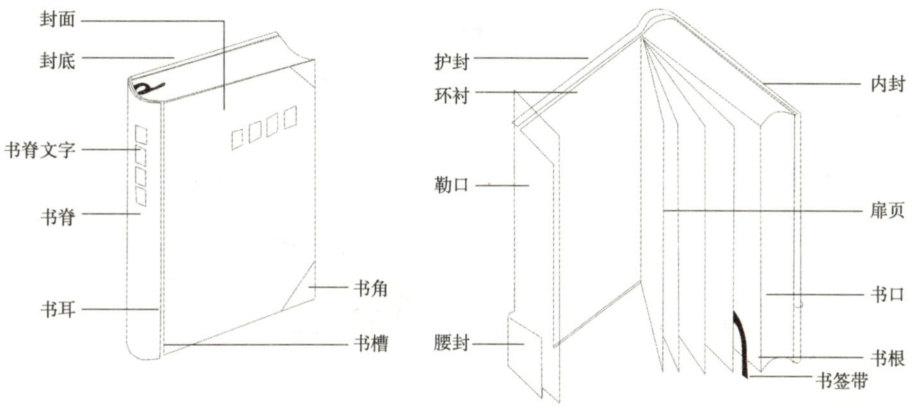

图 2-1-1　书籍各部分名称

书籍编辑中的基本结构——装订，如表 2-1-1 所示。

表 2-1-1　　　书籍编辑中的基本结构

封底	书脊	封面
内容简介	题目	书名
（图书描述和宣传）	作者	作者名
评论者评论	出版社标志	出版社标志
丛书目录	图像	
ISBN 编号		
条码		
作者自传		
照片		

2.2 书籍的分类

书籍按其装帧方式可分为平装书籍和精装书籍两类。

2.2.1 平装书籍

平装书籍整本书由软质纸封面、书名页和书心（有时还有其他非必备部件）构成，可分为以下几种。

1. 普通平装

由不带勒口的软质纸封面、书名页和书心构成普通平装书。一般不用环衬，有的书名页也与正文一起印刷。多用于书页相对较少、开本较小的图书（见图 2-2-1）。

图 2-2-1 普通平装

2. 勒口平装

由带勒口的软质纸封面、环衬（也可不用）、书名页、插页（也有无插页的）和书心构成勒口平装书，多用于书页相对较多（有一定厚度）的中型开本的图书（见图 2-2-2）。

图 2-2-2 勒口平装

2.2.2　精装书籍

精装书籍最大特点在于封面的用料和印刷、加工工艺与平装书不同。一般由纸板及软质纸或织物制成的书壳、环衬、书名页、插页和书心构成，因此比平装书籍更加考究、精致。

1. 精装书籍可分为以下几种

（1）全纸面精装。

由全纸面书壳、环衬、书名页、插页（若有的话）和书心构成全纸面精装书。全纸面书壳是用软质纸（或涂布某种涂料的纸张）和硬质纸板制作的书壳（见图 2-2-3）。其封面保护书心的作用较强，制作成本相对较低。多用于适度考究、精致而发行量较大的图书。

（2）纸面布脊精装。

由纸面布脊书壳、环衬、书名页、插页（若有的话）和书心构成纸面布脊精装书。纸面布脊书壳是书脊使用布料或其他织物，面封和底封使用纸板和软质纸制作的书壳。保护书心的作用较强，制作成本相对不高。多用于既需考究、精致，而又有一定发行量的图书（见图 2-2-4）。

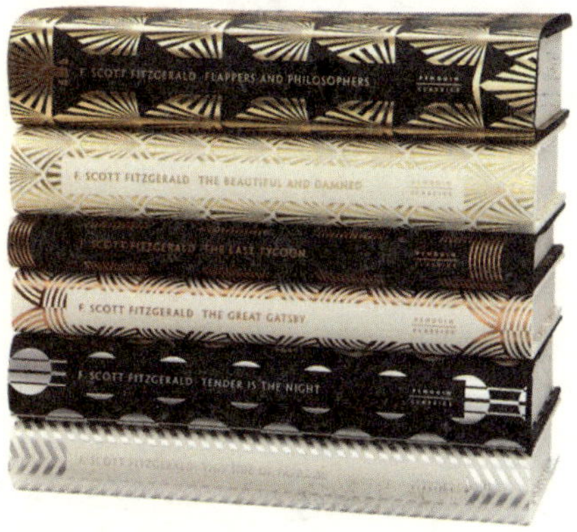

图 2-2-3　全纸面精装

图 2-2-4　纸面布脊精装

（3）全面料精装。

由全面料书壳、环衬、书名页、插页（若有的话）和书心构成。全面料书壳是面封、书脊和底封都用面料（布料、其他织物、皮料等）和纸板制作的书壳（见图 2-2-5）。其往往在书壳外面包有护

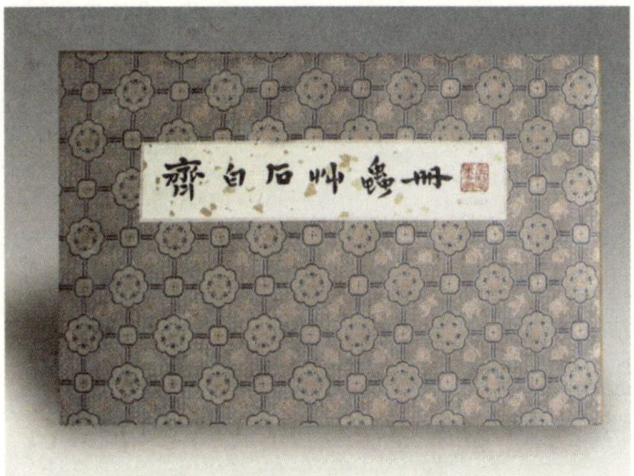

图 2-2-5　全面料精装

封。因其考究、精致的程度胜过前两种精装样式，制作成本相对较高，多用于既需相当考究、精致，发行量又较小的高档图书。

2. 三种精装样式都有圆脊和平脊两种形态

（1）书心的脊背经砑圆（扒脊）工艺处理成带有一定圆弧的凸状，而切口则呈圆弧形凹状，与书壳套合后，即成圆脊精装（见图 2-2-6）。

（2）书心的脊背不作砑圆处理，书脊和切口均无圆弧，与书壳套合后即成平脊精装（见图 2-2-7）。

图 2-2-6　圆脊精装

图 2-2-7　平脊精装

（3）精装书的装订方法一般采用锁线订、胶背订、锁线胶背订（见图 2-2-8）。

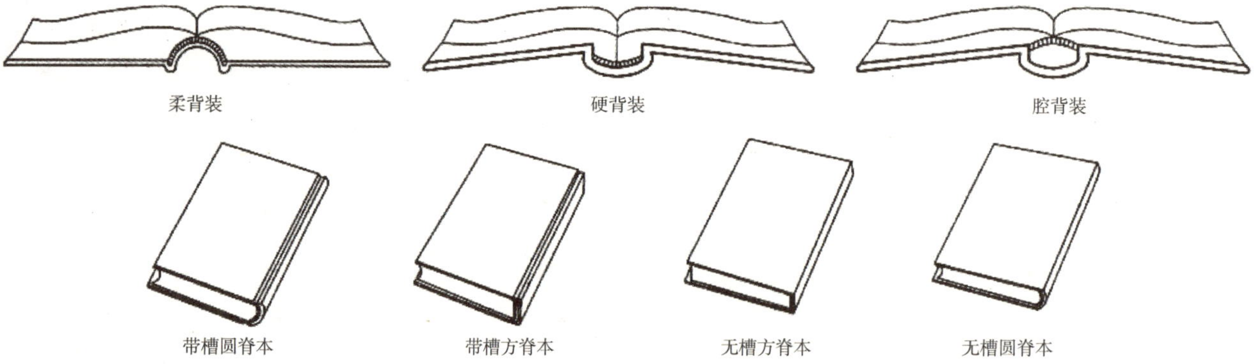

图 2-2-8　装订方式

3. 按照书籍的内容分类

（1）儿童类书籍。

此类书籍形式较为活泼，在设计时多采用儿童插图作为主要图形，再配以活泼稚拙的文字，来构成书籍封面（见图 2-2-9）。

（2）画册类书籍。

此类书籍开本一般接近正方形，常用 12 开、24 开等，便于安排图片。常用的设计手法是选用画册中具有代表性的图画再配以文字（见图 2-2-10）。

图 2-2-9　儿童类书籍

图 2-2-10　画册类书籍

（3）文化类书籍。

文化类书籍较为庄重，在设计时，多采用内文中的重要图片作为封面的主要图形，文字的字体也较为庄重，多用黑体或宋体；整体色彩的纯度和明度较低，视觉效果沉稳，以反映深厚的文化特色（见图 2-2-11）。

图 2-2-11　文化类书籍

（4）丛书类书籍。

整套丛书设计手法一致，每册书根据介绍的种类不同，更换书名和主要图形。这一般是成套书籍封面的常用设计手法（见图 2-2-12）。

（5）工具类图书。

一般比较厚，而且经常使用，因此在设计时，防止磨损多用硬书皮；封面图文设计较为严谨、工整，有较强的秩序感（见图 2-2-13）。

图 2-2-12　丛书类书籍

图 2-2-13　工具类图书

2.3　书籍的开本

2.3.1　图书开本的确定

1. 开本与纸张开切法

开本是用全张印刷纸开切的若干等份，表示图书幅面的大小。开本以“开数”来区分。“开数”指一全张纸开切成的纸页数量。如 32 开→全张纸被开切成 32 张纸，24 开→全张纸被开切成 24 张纸，40 开→全张纸被开切成 40 张纸。有不同的开切法。

2. 开本的类型及其规格

图书的开本按开数可以分为不同类型。

（1）开本的类型。开本的类型可分大型本（12 开及以上）、中型本（16 ~ 32 开）和小型本（36 开及以下）三类。

同一开数的开本，幅面大小又有不同的规格。

（2）开本的规格。指同一种开数的开本所具有的实际幅面面积。因为用以开切的全张纸有大小不同的规格，所以按同一开数开出的开本也有不同的规格。

3. 纸张常见开切法

（1）几何级数开切法。将全张纸按反复等分（对折）原则开切，可开出对开、4 开、8 开、16 开、32 开、64 开、128 开及 256 开等开本。因其开出的开数呈几何级数（M = 2^n），故称为“几何级数开切法”。

优点：开数规整，纸张的利用率为 100%，便于用机器折页，如用于期刊的装订联动线，最经济合算并能缩短出书周期。

缺点：开数的跳跃大，可选择性相对较差（见图 2-3-1）。

（2）直线开切法。将全张纸横向和纵向均按直线开切，可开出 20 开、24 开、25 开、36 开、40 开等开本。

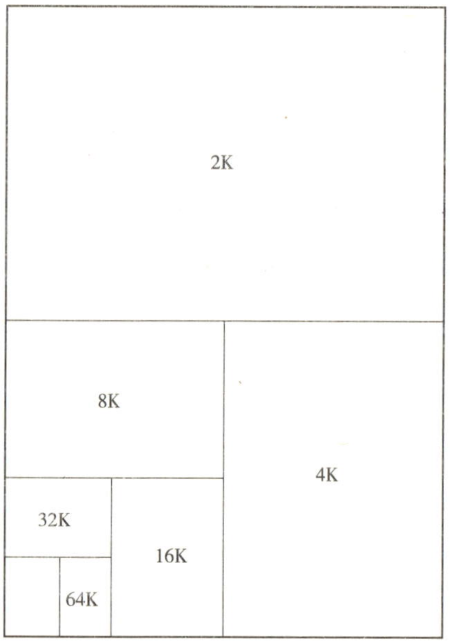

图 2-3-1　几何级数开切法

优点：开数的可选择性相对较多，纸张的利用率为 100%。

缺点：某些开切数有单页（如 5 开、25 开、3 开、9 开等），会给印刷装订带来不便，故不太经济合算，且印装周期较长（见图 2-3-2）。

（3）纵横混合开切法。将全张纸的大部分按直线开切法开切，另一小部分按单页开切。又叫套裁法。

优点：可开出上述两种开切法难以直接开出的所有开数，能适应一切特殊开本的需要。如可得 27 开、38 开等。

缺点：纸张有不同程度的浪费，印刷装订有所不便，印装周期长，成本高（见图 2-3-3）。

图 2-3-2　直线开切法

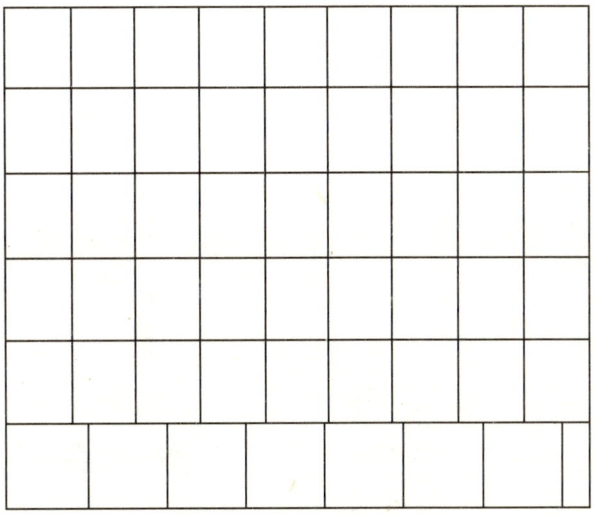

图 2-3-3　纵横混合开切法

2.3.2　开本的选择因素

1. 图书性质种类

常采用大型开本的图书有画册、图集。

常采用较大的中型开本的图书：经典著作和学术著作、大型工具书、高等教育教材、刊物等。

常采用较小的中型开本的图书：通俗读物、中小学教材等。

常采用小型开本的图书：儿童读物、小型工具书、连环画等。

2. 图书的字图容量

字图容量较大的图书，多采用大中型开本；字图容量较小的图书，多采用中小型开本。

3. 图书的用途

查检类、鉴赏类、珍藏本类图书多采用大中型开本；阅读类图书多采用中型开本；便携类图书多采用小型开本。

2.4 书籍封面设计

封面是图书的外表部分，它包在书心和书名页（或环衬、插页等可选结构部件）外面起保护作用，用纸较厚，并印有装帧性图文。图书的封面，一般可分为面封（前封面）、封二（封里）、底封（底封面）、封三（底封里）和书脊（脊封）五个部分。软质纸封面还可带有前、后勒口。前、后勒口除增加面封和底封沿口的牢度外，还有保持封面平整、挺括、不卷边的作用。

1. 封面所标示的种种图书属性

封面应该印书名、副书名、作者名（以及译者名，下同）和出版者名，多卷书要印卷次。若书名是用汉字表达的，应印上其汉语拼音。如果是丛书要印丛书名。翻译图书应在原作者名前注明国籍。

2. 书脊的内容和编排格式

书脊的内容和编排格式由国家标准《图书和其他出版物的书脊规则》（GB/T 11668—1989）规定。

（1）宽度大于或等于 5mm 的书脊，均应印上相应内容。

（2）一般图书应该印上主书名和出版者名（或出版者标识）；若空间允许，还应加上作者名，并列书名（副书名）和其他内容。

（3）多卷书的书脊，应印该书的总名称、分卷号和出版者名，但不列分卷名称。

（4）丛书等系列书的书脊，应印本册名称和出版者名；若空间允许，也可加上总书名和册号。

3. 封面的材料与设计形式

（1）封面的材料。

1）全织物封面。即封面和书脊都用同一种织物制成的封面，全织物封面经久耐用（见图 2-4-1）。

2）布面胶印和丝漏印的封面。在织物上把文字和画面用胶印或丝漏印的方法先印好，再加工成封面，富有装饰性（见图 2-4-2）。

图 2-4-1 全织物针面

图 2-4-2 布面胶印和丝漏印的封面

3）纸面精装封面。以前叫厚纸板封面，是全部用纸张做面料的封面，生产成本相对较低（见图 2-4-3）。

4）皮封面。采用皮革做封面的情况非常少有，一般用于具有收藏价值的少量印刷的书籍（见图 2-4-4）。

图 2-4-3　纸质精装封面

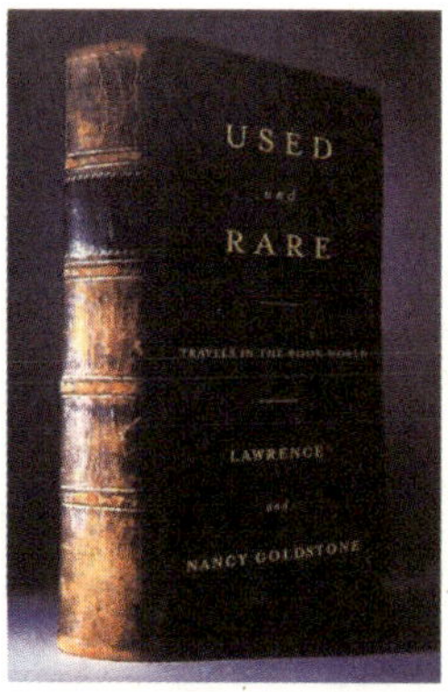

图 2-4-4　皮封面

（2）设计形式。

1）想象。想象是构思的基点，想象以造型的知觉为中心，能产生明确的有意味的形象。我们所说的灵感，也就是知识与想象的积累与结晶，它是设计构思的源泉（见图 2-4-5）。

2）舍弃。构思的过程往往"叠加容易，舍弃难"，构思时往往想得很多，堆砌得很多，对多余的细节爱不忍弃。张光宇先生说"多做减法，少做加法"，就是真切的经验之谈。对不重要的、可有可无的形象与细节，坚决忍痛割爱（见图 2-4-6）。

图 2-4-5　想象手法的运用

图 2-4-6　舍弃的应用

3）象征。象征性的手法是艺术表现最得力的语言，用具象形象来表达抽象的概念或意境，也可用抽象的形象来意喻表达具体的事物，都能为人们所接受（见图 2-4-7）。

4）探索创新。流行的形式、常用的手法、俗套的语言要尽可能避开不用；熟悉的构思方法，常见的构图，习惯性的技巧，都是创新构思表现的大敌。构思要新颖，就需不落俗套，标新立异。要有创新的构思就必须有孜孜不倦的探索精神（见图 2-4-8）。

图 2-4-7　象征手法的运用

图 2-4-8　探索创新的运用

2.5　书籍函套设计

书函是我国传统书籍护装物，有四合套和六合套两种（见图 2-5-1）。书套是一侧开口的硬质纸盒（见图 2-5-2）。

图 2-5-1　书函设计

图 2-5-2　书套设计

函套是书籍外面的一种装帧，当书籍的内容很多，一本书无法容纳时，就将书籍分卷、分册。虽然书籍被分为多册，但内容是连续的，因此设计上就不能像单本书籍一样独立，而需要在设计形式、装帧、材料上达到统一，于是就有了书籍的函套设计。这类书一般以精装为主，具有一定的收藏价值。

函套的主要作用是保护书籍，起到防尘、避光、防潮及防蛀的作用。因此，在函套的材质选用上就非常讲究，多根据书籍内容、风格选用不同的材质，一般的函套多采用硬纸板作为函套的材质。此外，也有使用其他特殊材质的，如木质、金属、布绸等（见图 2-5-3 和图 2-5-4）。不同材质所表现出的质感也会对书籍设计产生不同的效果。

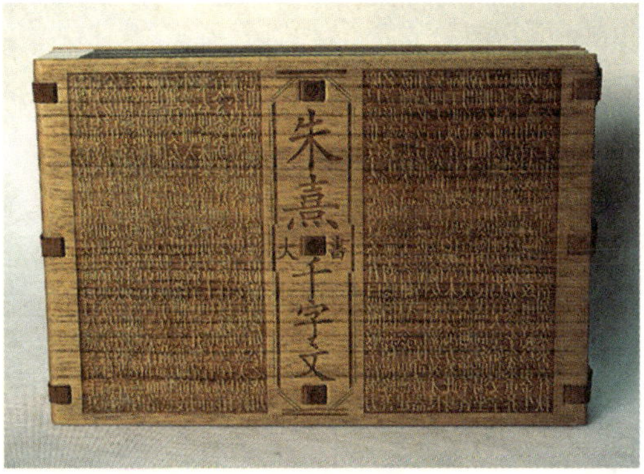

图 2-5-3　不同材质的函套设计（一）

图 2-5-4　不同材质的函套设计（二）

图 2-5-5　函套设计（一）

在设计时不应单独考虑函套本身，应该把函套和书籍视为一个完整的艺术对象来考虑。典籍类书籍的函套设计要古朴、庄重，体现博大精深的文化内涵及深邃的思想性（见图 2-5-5）。艺术类书籍的函套设计要精致、典雅，根据书籍的内容设计相应的图形和文字，色彩要和书籍封面相协调，稳重、雅致，要有较高的艺术品位，适宜收藏。

由于其有很强的装饰作用，故其艺术构思除体现于装帧材料的选用及印刷、加工工艺的规定外，还表现在与其相适宜的配饰（如书名标志、花纹烫印及徽记镶嵌等）的设计（见图 2-5-6 和图 2-5-7）。

图 2-5-6　函套设计（二）

图 2-5-7　函套设计（三）

其他部件包括以下几方面。

（1）辑封。图书正文页内标明“篇”、“辑”名称的书页。可占一页亦可占一面。

（2）腰封（书腰纸）。即包勒在封面腰部的有一定宽度的纸带，纸带上可印与该图书相关的宣传、推介性图文。

（3）书签带。将织物细带一端粘连在书心的天头脊上，另一端不加固定，起书签作用。

（4）藏书票。专门夹在某些图书中的美术作品，其作用是纪念某一图书出版发行，也可供爱好者收藏。

2.6 书籍零页设计

书心是书籍的主体，是承载正文及部分辅文的部分。零页是指在书心前后，连接书封与书心的部分。

2.6.1 环衬页

环衬指封面与书心之间的一张对折双连页纸，一面粘贴在封面背面，另一面贴牢书心的订口，目的在于使封面和书心结合牢固、不脱离。衬在封面之后，扉页之前的称为“前环衬”；衬在书心之后，封底之前的称为“后环衬”。

环衬的设计往往要求简约、轻巧、精致，与封面相比，环衬的美以含蓄取胜。其设计往往采用以空带实、以静带动的形式，环衬与封面之间构成了“虚实相生”的对比关系。环衬所用的纸张往往与正文及封面都不一样，一般选用白色或淡雅的有色纸，在封面和书心之间起视觉缓冲的过渡作用，其上一般没有文字、图片等内容，即使安排这些内容也是作为书籍整体氛围的烘托而起陪衬的次要信息；也可采用抽象的肌理效果、图案表现，但色彩相对淡雅些，图形的对比相对弱一些，应与护封、封面、扉页、正文等的设计取得一致，并要求有节奏感。一般书籍前环衬和后环衬的设计是相同的，即画面信息和色彩都是一样的，在阅读的过程中，通过环衬的简约风格传达给读者一种视觉上轻松与美的享受（见图 2-6-1 和图 2-6-2）。

图 2-6-1　环衬设计（一）

图 2-6-2　环衬设计（二）

2.6.2　扉页

扉页包括空白页、正扉页、版权页、赠谢、目录及序言等。

1. 正扉页

今天，在正扉页上放的内容较少，一般只有书名、作者姓名、出版社名称、出版地点和出版时间等。但是，在科技书、翻译书和丛书中也有印上参与著作或编辑的人名、外文书名和作者的原名、译者和校订者的姓名、丛书名和副丛书名、出版社标志及发行人等（见图 2-6-3）。

2. 版权页

版权页位于主书名页的背面（即双码面），它提供图书的版权说明、图书在版编目数据、版本记录。版权说明对本图书著作权的归属作出明示。一般以版权符号 ©（copyright-“版权”的略号）开头，后列著作权人名称和首次出版年份，也可再标注本版的出版年份，还可加注诸如“版权所有，未经许可不得以任何方式使用”的字样。版权说明排印在版本记录页的上部位置（见图 2-6-4）。

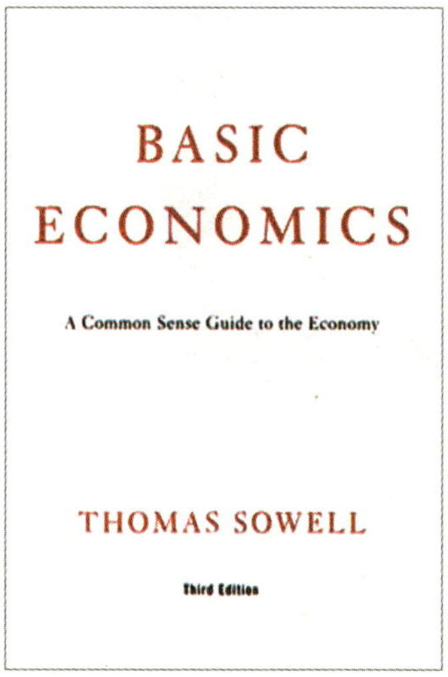

图 2-6-3　扉页设计

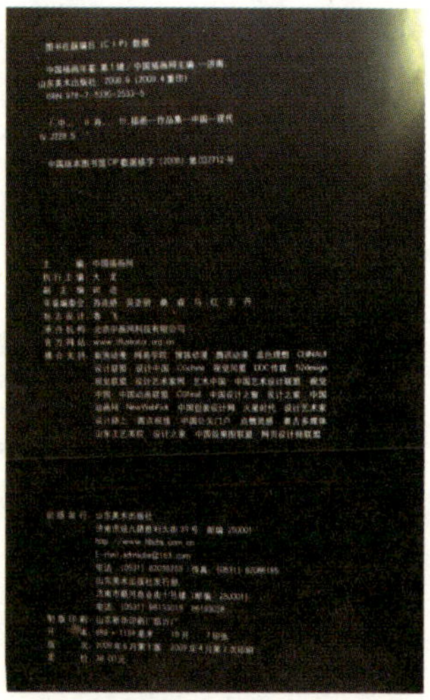

图 2-6-4　版权页设计

3. 目录

目录又叫目次，是全书内容的纲领，它显示出结构层次的先后。设计时只有眉目清楚、条理分明，才能有助于迅速了解全局内容（见图 2-6-5）。

图 2-6-5　目录页设计

4. 序言

序言在正文的前面或者后面，作者、译者、编者或以出版社名义常常写有序、跋、前言、后记或编者按语等前言设计（见图 2-6-6）。

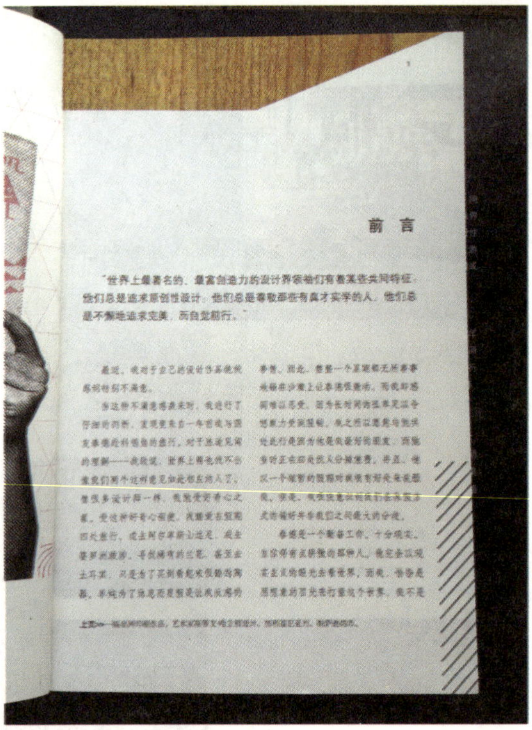

图 2-6-6　序言页设计

5. 索引和附录

也总是安排在正文后面，但是它作为正文之外的部分仍可归在扉页一类。索引是把正文中的词条、人名或地名摘出来，分类或按字音、笔画等方法依次排列，表明页数，便于读者翻检。附录包括与正文有关的引证文章、参考的文件和书目。它的设计与索引相似。

2.7 正文页设计

2.7.1 正文版式设计的步骤

（1）确立开本。

（2）确立版心的大小、位置、版面的布局、天头、地脚、内文白边。

（3）确立字体、字号、字距、行间距、图片的大小和位置。

版心也称版口，指书籍翻开后两页成对的双页上容纳图文信息的面积。版心的四周留有一定的空白，上面称为上白边，下面称为下白边，靠近切口和订口的空白称为外白边和内白边，也依次称为天头、地脚、切口和订口。这种双页上对称的版心设计称为古典版式设计，是书籍千百年来形成的模式和格局（见图 2-7-1）。

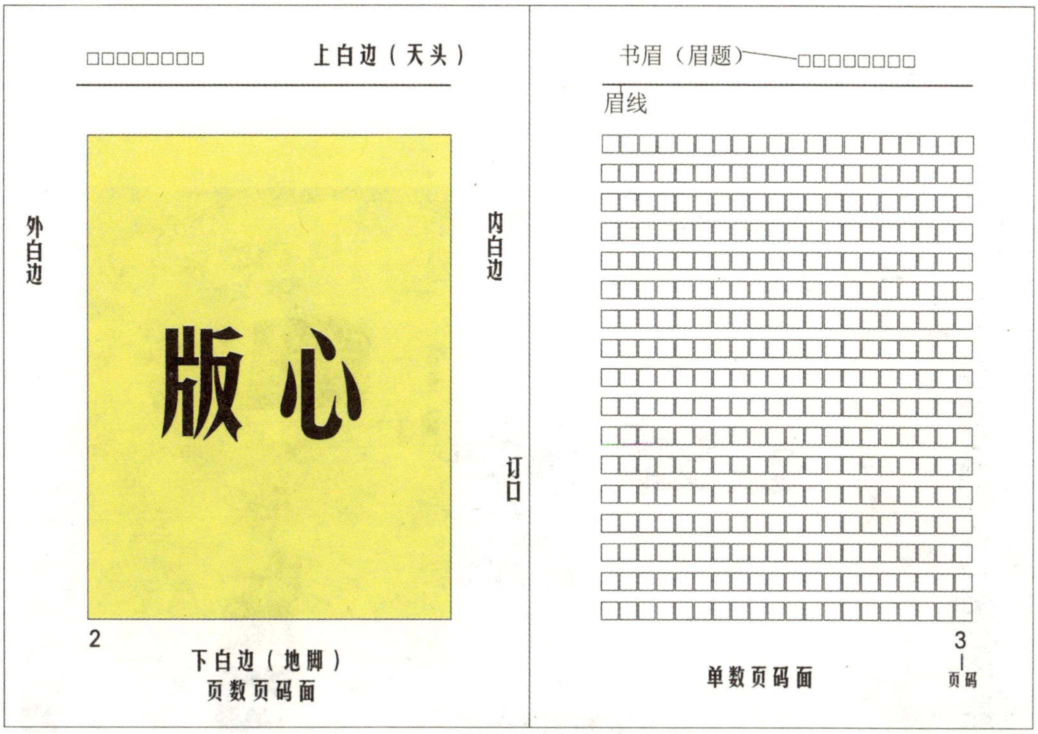

图 2-7-1　版心格局

排式是指正文的字序和行序的排列方式。我国传统的书籍大都采用直排式，即字序自上而下，行序自右而左，这种形式是和汉字书写的习惯顺序一致的。现在出版的书籍，绝大多数采用横排式。横排式的字序自左而右，行序是自上而下。横排式适宜于人类的眼睛的生理结构，便于阅读。

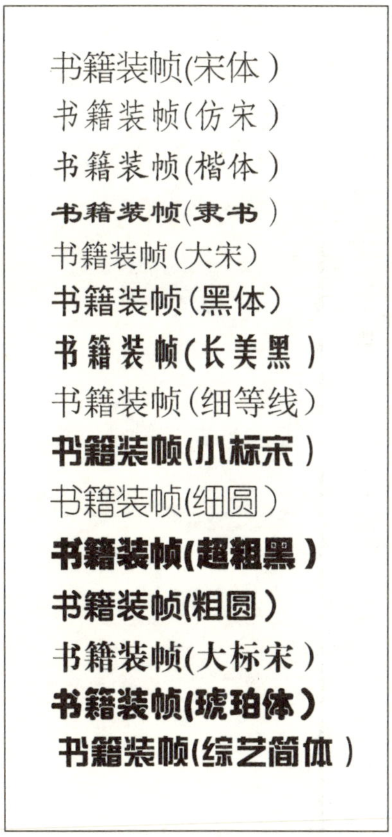

图 2-7-2　书籍字体设计

字行的长度，也有一定的限制，一般不超过 80~105mm。有较宽的插图或表格的书籍，要求较宽的版心时，最好排成双栏或多栏。

字体是书籍设计的最基本因素，它的任务是使文稿能够阅读，字形在阅读时往往不被注意，但它的美感不仅随着视线在字里行间移动，而且会产生直接的心理反应。因此，当版式的基本格式定下来以后，就必须确定字体和字号。常用设计字体有宋体、仿宋体、楷体、黑体、圆体、隶书、魏碑体及综艺体等（见图 2-7-2）。

书籍正文用字的大小直接影响到版心的容字量。在字数不变时，字号的大小和页数的多少成正比。一些篇幅很多的廉价书或字典等工具书不允许出的很大、很厚，可用较小的字体。相反，一些篇幅较少的书如诗集等可用大一些的字体。一般书籍排印所使用的字体，9P~11P 的字体对成年人连续阅读最为适宜。8P 字体使眼睛过早疲劳。但若用 12P 或更大的字号，按正常阅读距离，在一定视点下，能见到的字又较少。

大量阅读小于 9P 字体会损伤眼睛，应避免用小号字排印长的文稿。儿童读物须用 36P 字体。小学生随着年龄的增长，课本所用字体逐渐由 16P 到 14P 或 12P。老年人的视力比较差，为了保护眼睛，也应使用较大的字体（见图 2-7-2）。

字距指文字行中字与字之间的空白距离，行距指两行文字之间的空白距离。一般图书的字距大都为所用正文字的 1/5 宽度，行距大都为所用正文字的 1/2 高度，即占半个字空位。但无论何种书，行距要大于字距（见图 2-7-3）。

图 2-7-3　字距、行距设置

2.7.2　封面设计实例

1. 出血设置

根据书籍的开本，计算书籍封面、书脊、封底的尺寸（每边各加 3mm 出血），设定参考线（见图 2-7-4）。

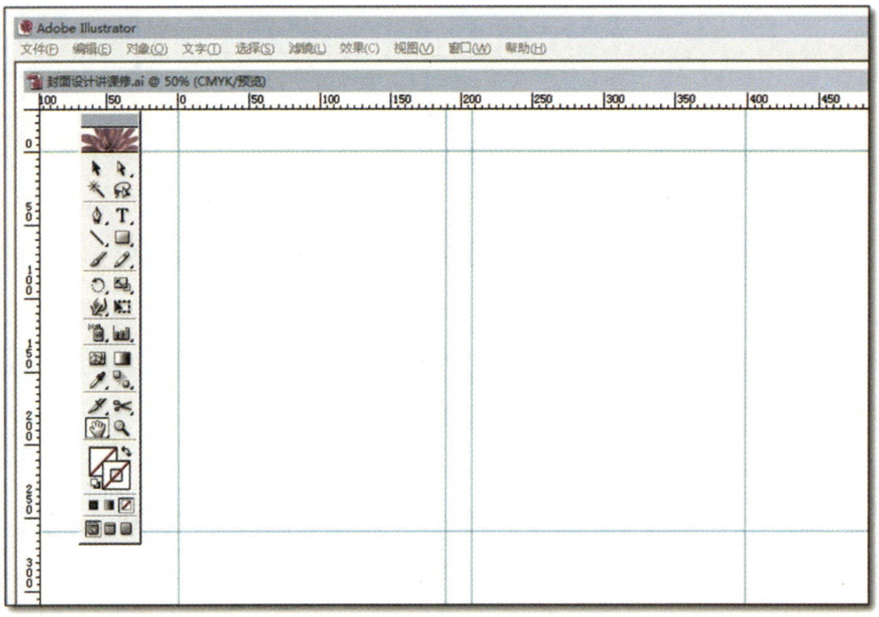

图 2-7-4　出血设置

2. 封面色彩设计

封面色彩设计如图 2-7-5 所示。

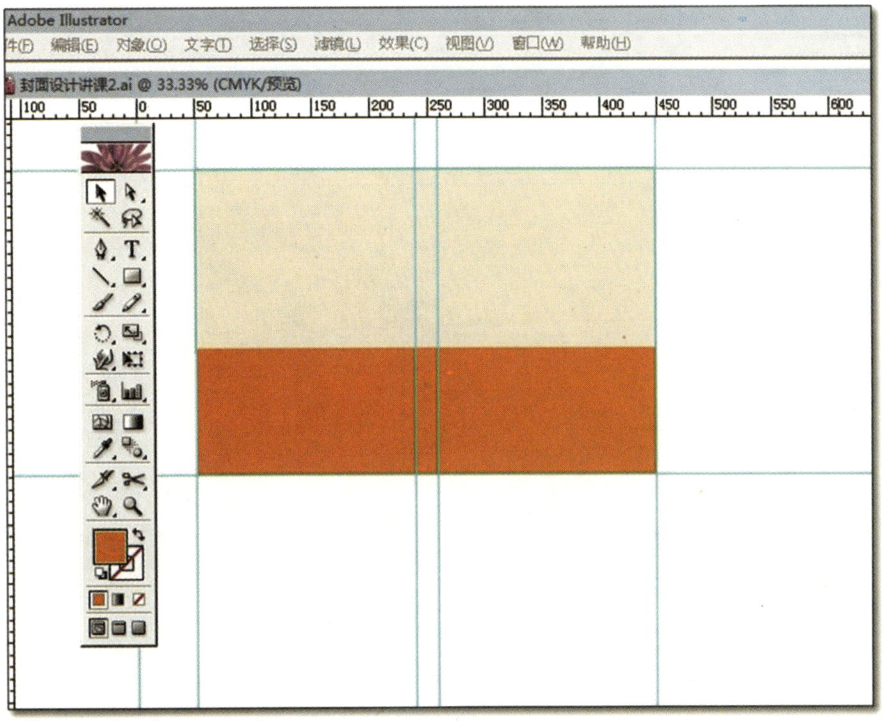

图 2-7-5　封面色彩设计

3. 封面文字设计

封面文字设计如图 2-7-6 所示。

图 2-7-6　封面文字设计

4. 封面插图设计

封面插图设计如图 2-7-7 所示。

图 2-7-7　封面插图设计

第3章
书籍插图设计

3.1 插图设计概述

3.1.1 书籍插图的定义

插图即插附于书刊或文字之间的图画，是一种视觉传达形式，是一种信息传播媒介。最基本含义是“插图在文字中间帮助说明内容的图画”。

3.1.2 插图的产生与发展简史

插图属于“大众传播”领域的视觉传达设计（Visual Communication Design）范畴，是艺术设计的分支。中国古代因插图出现的形式不同，故名称各异。如，宋元小说中的卷头画则为“绣像”，而表示章回故事的称为“全图”。插图的英文单词通常称为 illustration。在中世纪《圣经》手抄本中称 illumination，指圣经或祈祷文中的装饰性文字和图案造型。illumination 是由英格兰撒克逊语系的 lim-limm（绘画之意）和法兰西语系的 luminer（给予光彩、发光之意）二者的折衷语。插图的另一英文单词是 icon，意指宗教书籍中的圣像。现代插图是指视觉形象说明、论证文字的概念或图示事情的经过。现代插图有狭义和广义之分。狭义的插图概念指插图，即用来论证和说明的绘画作品；而广义的插图概念指可以作为说明和论证的视觉材料，如插画、图表、摄影等。

图 3-1-1　1900 年在甘肃省敦煌千佛洞出土的在 868 年刻印精致的《金刚经》卷中的插图

中国最早出现的插图是 8 世纪唐代的木刻版书籍中就出现了插图（成都出土的唐代木刻版佛经）（见图 3-1-1）。北宋时期，出版书籍中，儒家经典和文学读物渐渐占主导，同时也出现了文学插图。元代兴盛的戏曲折子、小说杂剧等市民文化大大推动了图书出版及书籍插图的发展。明清时期是一个小说文学的繁荣期，也是人文科学、自然科学、社会科学的一个重大沉淀期

（见图 3-1-2 和图 3-1-3）。直到近代 19 世纪末西方现代书籍的出版方式对中国的书籍出版产生重大影响，在西方早期书籍插图见于宗教读物的手抄本属于绘画插图。

图 3-1-2　明末《西厢记》插图　陈洪绶

图 3-1-3　清朝《红楼梦》插图　曹雪芹

3.1.3　现代插图发展趋势

现代插图已从原有的书籍插图概念发展到现在的各个商业活动领域，表现形式也从单一发展为多样的艺术形式，同时现代科学以崭新的面貌和形式进入了插图领域，大大丰富了现代插图设计语言。现代书籍插图，更强调的是视觉冲击力和简练而赋予内涵的、具有强烈艺术感染力形式的插图。

3.1.4　插图的任务和特点

书籍插图是书籍整体设计的一部分，是书籍内涵的有效补充。书籍装帧中的插图有两个任务，一是起着延伸、补充、再现文字语言表达不足的视觉形象，帮助读者对书籍内容的理解；二是增强书籍的形式美，提高读者的阅读兴趣，还能增强读者对书籍内容的理解和记忆。书籍插图的创作不同于绘画创作，它必须符合书的内容与出版要求，同时它也是艺术作品，因此插图具有以下特点。

1. 插图的从属性

首先，插图从属于书稿的文字内容，表现形式与手法必须符合书稿的体裁、风格，合理、贴切、有效地体现书稿精神内涵的艺术形象。书稿的风格、体裁决定插图形式，只有充分把握文稿，才能创作出包容文字精神内涵的视觉艺术形象，并同文字一起传达给读者，相得益彰。插图，反映出文学作品的内在精神，也反映了作者的风格。诗歌、小说、散文、童话故事、剧本，对插图有不同的要求。例如，通俗性文学作品的插图，其表现形式和手法，应尽可能让一般读者易于接受和理解。如果是诗集，插图就应赋予诗的意境和情调。每个作家都有自己的写作风格，有的热情奔放，有的清新恬淡，有的纯朴深沉……因此，设计时应使用相应的形象语言，把握与文字语言相和谐的格调，使插图和文字成为浑然一体的完整的艺术创作。

插图创作除从属于书稿外，还需要考虑印刷工艺（印刷方式、印刷材料等），即设计的插图是否符合印刷要求。因为书籍装帧的最终表现形式就是印刷，因此，必须把印刷工艺加入创作过程的构思中，如选用何种印刷方式（铅印、脚印、凹凸版、锌铜版等），采用怎样的纸张、油墨等。只有将艺术与技术有机地结合，才能使插图创作达到理想的效果。

2. 插图的独立性

艺术插图强调的是艺术性，不是简单的图解，插图的艺术独立性是与它的从属性并存的。艺术家创作插图时倾注了其对文学作品的理解，融入了他自己的情感、想象力，体现了艺术家自身的审美观，最终创作出与读者产生共鸣的艺术形象。因此，优秀的书籍插图同样是优秀的艺术作品。

从属性和独立性构成了插图艺术的特点，是不可分割的。如果插图离开了文学内容，片面强调造型艺术的独立性，就不能起到与文学作品的配合作用，也就不能成其为插图；反之，只强调插图的从属性，插图成了文学的尾巴，不能发挥创造性，那就只是单调乏味的图解了。

总之，插图仍属于造型艺术，插图与内容靠得太近便成图解，淡而无味；偏的太远，神秘莫测，不知所云，插图将不成其为插图。

3.1.5 插图与书籍装帧的关系

中国人常将图书并称，所谓“凡有书，必有图”，说明了书籍和插图的关系。插图是书籍艺术中的一个重要部分。在书籍的各个部分中，相对来说插图无疑是最有魅力的，也是最能把书籍内容表现为可见的艺术形象。插图在英文中叫作 illustrator，意思是“解释、讲解”，就是用造型艺术的形式，生动地反映文学作品的思想内容，把文字语言转变为视觉形象（见图 3-1-4 和图 3-1-5）。

图 3-1-4 插图设计（一）

图 3-1-5 插图设计（二）

由于插图是书籍艺术的一个重要部分，不仅对全套插图的结构要做全局考虑，更要统一在书籍的整体设计之中；不仅要考虑画面与字面的关系，还要顾及与护封、封面、扉页、正文、纸张及印刷等的关系，构成一个统一、和谐的艺术整体，与文字共同构成一种力量，表达一种精神，这样才能产生优秀的作品。

插图是装帧的一部分。插图与版面的配置，也要求风格表现一致（见图 3-1-6 和图 3-1-7）。

图 3-1-6　插图与版面的配置（一）

图 3-1-7　插图与版面的配置（二）

3.2　插图的分类及形式

3.2.1　插图的分类

1. 技术插图（科技插图）

这类插图是某些学科必不可少的重要组成部分。如天文地理、医学等书籍有许多内容仅靠文字很难说清楚，是语言所不能表述的，这时的插图就可以补充文字难以表达的内容。优秀的技术插图，不仅能让读者一目了然，还能将难以理解的概念形象化，而且插图本身的艺术性也能给人一种轻松和愉快的感受。为体现科学的真实性，插图的形象性语言要求准确、实际，一些深奥的概念得以形象化的解释，使读者能够轻松、愉快地加深理解。

书籍作者提供的结构图样或草图，大多是一些有不同大小和规范杂乱的东西。插图工作者的任务是，把这些图样或草图转换为明白易懂的、整洁的，以及在视觉上和谐的插图。

百科辞典、教科书和自然科学书籍等科学插图中的动物、植物、人体解剖和物品等，处于艺术插图和技术之间。虽然它们也画得很美观，可惜常常受到忽视，很少有令人满意的作品。科学技术插图应力求表现的物体准确无误，突出本质部分，略去次要和无关的东西，在此基础上力求美观。因为科学插图首先也是插图，它要求创作者懂得插图艺术。

2. 艺术插图（文学插图）

艺术插图适用于文学艺术类书籍。由于文学艺术类书籍内容广泛，如小说、诗歌、散文、传记、儿童读物、音乐、美术及戏曲等，所以表现形式也不止限于写实，还有半写实与抽象等。以文学艺术为前提，选择书中有意义的人物、环境、用构图、线条、色彩等视觉因素去完成形象的描绘，它具有与文字相独立的欣赏价值，增加读者的阅读兴趣，使可读性和可视性合二为一，加强文学书籍的艺术感染力，给读者以美的享受，对书中精彩的描述留下深刻形象的印象。

文学作品以文字、词语为表现手段；插图以造型艺术的多种形式为表现手段，它们就一个主题进行各自的创作，以各自的语言叙述同一件事。所以说文学作品与插图属同质异构的关系。插图因文字而起源，伴书籍而产生，它属于造型艺术，一经产生就用其独特的视觉语言博得广大读者的青睐。

插图虽然受书籍内容的制约，但这并不意味着插图必须依据作品某些具体描写去表现，它不应是文学内容的表面简单重复，也不应该是被动的成为书籍可有可无的附属，而应发挥插图的独立性，发挥个性创意的想象，否则就显得过于肤浅了。插图力求体现的是文字的情调和风格，表现作品的内在精神和典型意义，从另一个角度参与作家的创作，在有限的篇幅内追求广阔天地。利用一切创作元素以深化文章的主题，使文章与插图浑然一体。

3.2.2 插图的版式形式

文字是一种静止的符号，而插图却可以在瞬间传达出强烈的情感。因此，版面插图面积的大小、位置，会直接影响读者的阅读兴趣。当多幅插图同时出现在同一个版面上时，要通过插图的大小、位置分出空间层次。一般主图要大些，次图要小一些。大幅的插图占据版面的大量空间，具有强烈的视觉冲击力，可以突出主题，所以一般放在主要部位；小幅的插图总是作为陪衬出现在版面上，在版面中起着平衡构图、活跃气氛、增加韵律的作用，给人以精巧、柔和的感觉。

版面内部的版心、行、栏直接控制插图，插图在版面配置中是放在文中还是文首或文尾，是单页还是跨页，这样的构思都要在整体意义上给予统一或是突破。另外，插图在书籍中的节奏编排也是重要的，一方面是依靠读者与书籍之间建立的心理线索，引子、序曲、展开、高潮、尾声作相应插入；另一方面还得注意到阅读流向中的文字与插图之间的节拍，考虑阅读、休息、看插图的时段。设计者的任务是把全部图片进行良好的配置，使它们按顺序交替出现，形成一种优美的律动。

1. 单页插图

单页插图即展开书籍时一面为文字，另一面为插图。这种版式设计的关键在于文字与插图的均衡关系，因文字版是按版心统一编排的，所以插图的大小及位置所在，均以版心来定，以视觉舒适，空间搭配合理为佳（见图 3-2-1 ~ 图 3-2-3）。

图 3-2-1　单页插图（一）

图 3-2-2　单页插图（二）

图 3-2-3　单页插图（三）

2. 双页插图

双页插图是指通向左右两页的插图，这种设计形式能增强双页的整体感。双页的插图组合形式应注意不要把重要部分放在中间的订口，避免插图的完整性受到损害（见图 3-2-4~ 图 3-2-6）。

图 3-2-4　双页插图（一）

图 3-2-5　双页插图（二）

图 3-2-6　双页插图（三）

3. 文中插图

文中插图即图、文相互穿插，形成一个整体的版面。在这类插图中还可以分三种方式。

（1）文字绕图。这类版式除了文字部分要受到版心外框限制外，还受到插图轮廓的影响。字句要依轮廓形成长短不一的排列，是适形造型的一种版面风格。这时的插图已融入到版面之中。这种版面的编排活泼、趣味性强，图文相互依存。但要值得注意的是图文搭配不当将会给读者的视觉造成一种混乱感，影响前后文字的连贯（见图 3-2-7~ 图 3-2-9）。

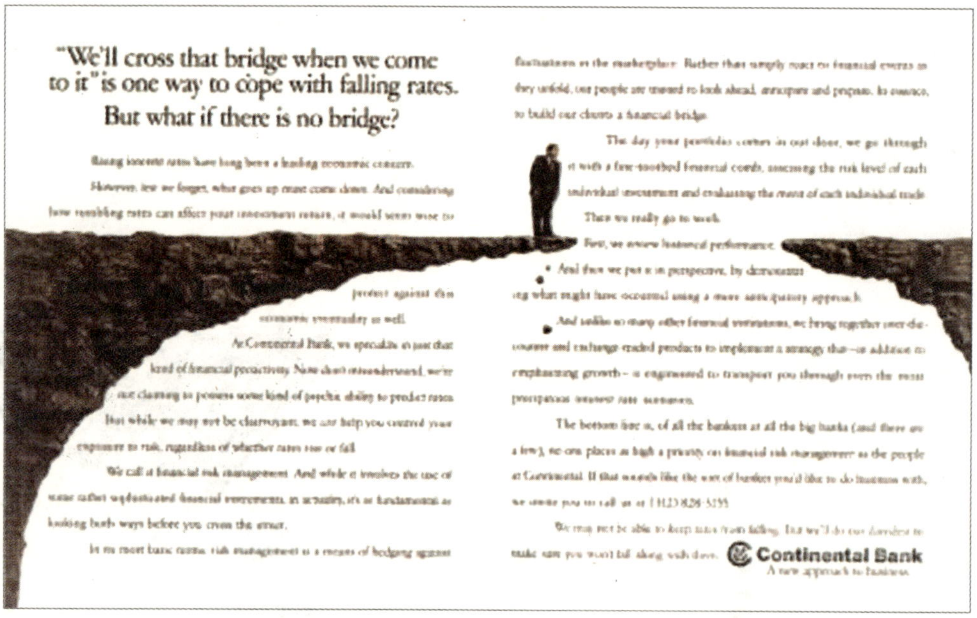

图 3-2-7　文字绕图（一）

图 3-2-8　文字绕图（二）

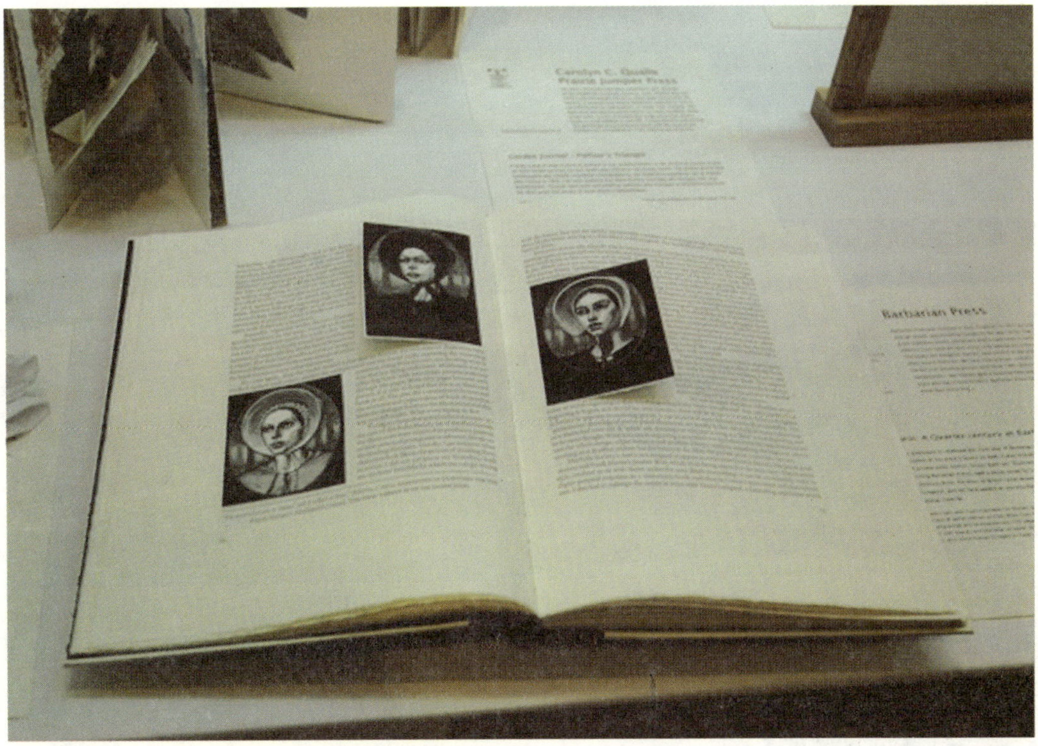

图 3-2-9　文字绕图（三）

（2）越框插图。越框插图是指编排在文字版面之中的一种插图形式，插图位置一般放在页边、四角，常采用出血的形式，越框插图可以用来割裂排列整齐的文字，造成令人兴奋的视觉组合。这类超出版心的插图往往要与体裁相吻合，协调，构成灵活有序的版式风格（见图 3-2-10~图 3-2-12）。

图 3-2-10　越框插图（一）

图 3-2-11　越框插图（二）

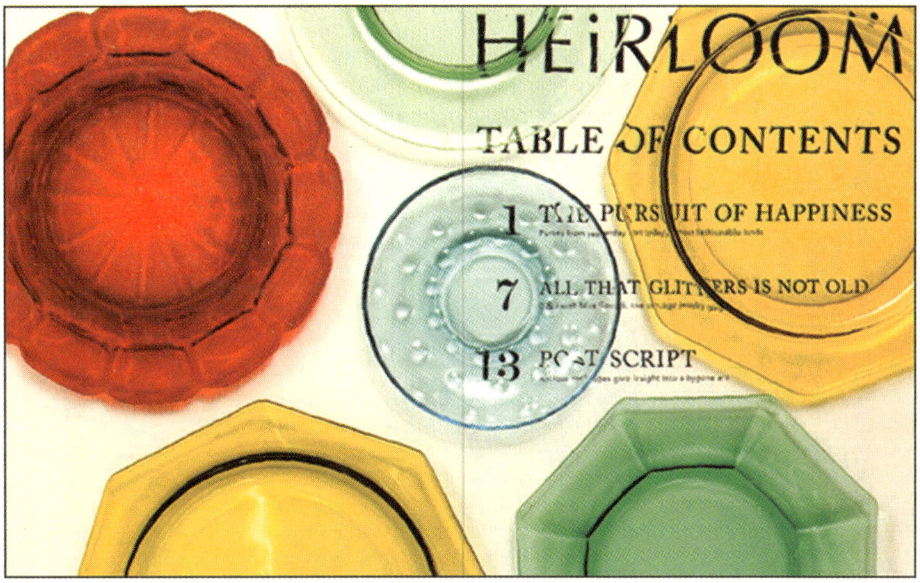

图 3-2-12　越框插图（三）

（3）固定位置放图。即在固定的位置配图，将插图放置在分割出的统一标准的网格或骨架中。图的比例、大小、尺寸、位置相同，往往存在于中国的古书籍版式设计之中，有点近似现代化的连环画，可同版雕刻印刷，同色同版，统一协调，天然合一，风格一致。

版面插图编排的另一种方式是，分为两栏或多栏的版式，图片的宽度应适合一栏、两栏、多栏的宽度，或做成通栏的形式。插图的高度既可以结合网格式的结构，也可以在水平等分线内高度有所不同。大型开本的科学书籍、专业书籍或百科辞典，采用两栏或多栏的版面较一栏的有利的多。一栏的版面由于狭窄的图片常常需要把字行折断（见图 3-2-13~ 图 3-2-16）。

图 3-2-13　固定位置放图（一）

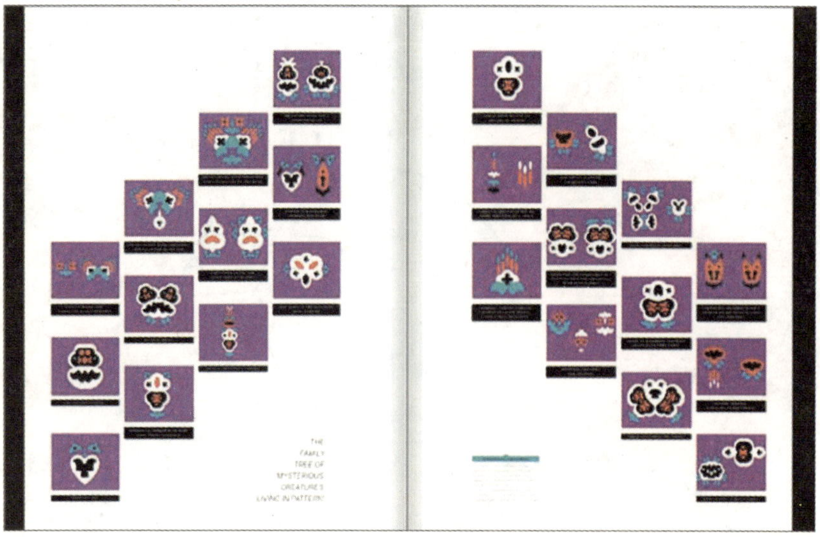

图 3-2-14　固定位置放图（二）

图 3-2-15　固定位置放图（三）

图 3-2-16　固定位置放图（四）

4. 三维立体放图

三维立体插图也是一种极富表现力的插图，它是在读者翻阅书籍的过程中在三维空间产生的一些插图画面。在儿童书籍中常出现（见图 3-2-17~ 图 3-2-19）。

图 3-2-17　三维立体放图（一）

图 3-2-18　三维立体放图（二）

图 3-2-19　三维立体插图（三）

3.2.3 书籍插图的创作与表现

1. 插图的创作

为书籍创作插图，是从语言艺术向图形艺术的转换。图形的视觉语言是通过形象、色彩和它们之间的组合关系来表达特定的含义。把文字转换为图形。首先，要了解作品的体裁、形式及表现手法，理解作家的意图，熟悉作品的内容。其次，根据对书籍内容的理解，书籍整体设计定位来考虑插图风格的设计，选取恰当的视觉表达形式。文学书籍的风格主要根据情节、意境来把握；科技书籍的插图往往运用摄影的方式表现插图，设计师正是运用这些视觉要素来传达信息和意念的，反映内容的准确性、常识性和科学性；少儿读物的插图创作，须注重趣味性和常识性。

插图是把书籍的思想用只有插图才可能阐述的图形语言贴切地表达出来，与书籍思想内容相辅相成，贴切书籍思想内涵并激发读者更多的想象空间。

纯绘画的创作来自画家对生活的个人感受，而插图的创作依据则来源于书稿所赋予的形象。要求插图工作者融入到书中，找到既表现书籍精神特征，又适合于绘画表现的切入点，来进行插图设计。

2. 插图的表现

（1）插图的创意表达方式。创意是一种思维过程，即平常所说的构思，是对我们所要表达的内容进行想象、加工、组合和创造，使其潜在的真实美升华为艺术美的一种创造性劳动。视觉表述的创意，同其他语言表述创意一样，具有准备、调查；沉思、整理；酝酿、爆发；反复、求证几个阶段，也采用形象思维、逻辑思维、情感思维、直觉思维等思维形式。但视觉表述创意也有其自身的特点，就是既要考虑所要表现的内容，又要考虑到表现方法，还要考虑到表现工具。这实际上是从意念到画面的桥梁。根据视觉表达创意的特点，其方式大致可分为四种：联想、比喻、象征、拟人。

1）联想。是从一个事物推想到另一个事物的心理过程。对视觉表述来说，联想便是从所要表达的内容推想出一种相关的事物来表现它。具体可以分为接近联想、对比联想、因果联想、类似联想四种。

2）比喻。把要表达的内容作为本体，通过相关联的喻体去表现内容的本质特征，喻体和本体之间要有相同的特征。这种方法常常能把抽象的概念形象地表达出来，其主要包括明喻、暗喻、借喻等几种主要形式。

3）象征。与比喻有些相似。象征是以一个抽象或具象事物来表现另一个具象或抽象事物；比喻是用一个具象事物比喻另一个具象事物或抽象事物。它们的区别在于：比喻的两者之间必须有本质联系，象征的两者之间事先不必有本质联系。

4）拟人。拟人是把事物人格化的修辞方式，它能赋予对象人性化的色彩。所以，拟人是这四种方式中最易被人接受的，也是被广大设计师采用最多的一种视觉表述方式。

（2）插图的表现手法。插图的表现手法丰富多彩，有油画、中国画、版画（木刻、铜刻、石印）、水彩画、水粉画、摄影、计算机等（见图 3-2-20~ 图 3-2-26）。插图的画种，有其从属性和独立性。插图要与文字的风格，体裁相吻合。在设计风格上，具有相对的局限性，但插图的独立性在逐步加强。插图在表现风格上和装帧自身语言一样应力求与文字内容协调一致。如果书稿是通俗读物，那

图 3-2-20　插图的表现手法（一）

图 3-2-21　插图的表现手法（二）

图 3-2-22　插图的表现手法（三）

图 3-2-23 插图的表现手法（四）

图 3-2-24 插图的表现手法（五）

图 3-2-25 插图的表现手法（六）

图 3-2-26 插图的表现手法（七）

么插图倾向于表露和易理解；如果书稿是诗歌、散文，那么插图要赋予读者浪漫、深远的意境；如果是科技、工具书或是科教书籍，则要求严谨、实事求是。这些插图的设计，要求设计者必须从装帧语言出发，求得与文稿精神的统一。如儿童读物，由于受年龄的限制，他们的理解和观察能力都处于幼稚阶段，书籍中的插图是他们汲取知识的主要途径之一。因此儿童读物中插图占有较大的比例。要掌握儿童好奇、爱新鲜、爱幻想的心理特征，创作新颖、奇特、幽默、富于想象、带有趣味性较强的插图，使儿童在轻松愉快的阅读中逐渐认识、熟悉、了解世界。

（3）插图的空间关系。科技的进步使插图有了相应的变化，计算机的普及与运用，摄影技术的进步都使现代书籍的图像生成已不再局限于手绘的方式，有照片、三维立体图等表现手法。当然，照相机的诞生并没有将戏剧斩草除根，留声机的发明也没有封杀现场表演的音乐，计算机的应用并不意味着手工绘画的终结，二者并行不悖。尝试和利用有利于主题表现的工具和表现形式。这样，给书籍内容的传达提供了多元选择的可能（见图 3-2-27~ 图 3-2-30）。

图 3-2-27　插图的空间关系（一）

图 3-2-28　插图的空间关系（二）

图 3-2-29　插图的空间关系（三）

图 3-2-30　插图的空间关系（四）

总之，现代书籍插图的设计已不再局限于二维空间的表现，三维立体插图也是一种极富表现力的插图。在儿童书籍中常出现。当然，随着电子书籍的出现，动漫插图也是一种发展的必然趋势。

第4章

书籍整体编排设计

4.1 书籍版式设计的风格

4.1.1 古典版式设计

古典板式设计是 15 世纪中期以德国人谷登堡为代表的一些欧洲艺术家所确立的版式设计形式，具有典雅、均衡、对称的特色，一直沿用至今。其特点是以订口为轴心左右两面对称，字距、行距具有统一尺寸标准，天头、地脚、内外白边均按照一定的比例关系组成一个保护性框子。文字油墨的深浅和版心内所嵌图片的黑白关系都有严格的对应标准（见图 4-1-1）。

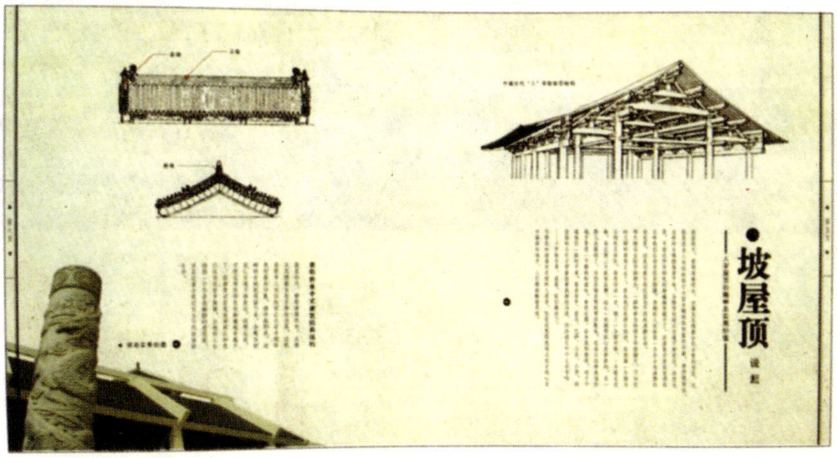

图 4-1-1　古典版式设计

4.1.2 网格（Grid）设计

网格设计于 20 世纪 30 年代起源于瑞士。这种设计运用固定的格子把版心的高和宽分为一栏、二栏、三栏以至更多的栏，由此规定了一定的标准尺寸。运用这个标准尺寸控制和安排文章、标题和图片，可使版面形成有节奏的组合，未印刷部分成为被印刷部分的背景。

网格设计以比例、力场、中心、方向、对称、均衡、空白、韵律、对比及分割等艺术规律的运用，达到理想的设计效果。其风格的形成离不开建筑艺术的深刻影响，它运用数学的比例关系，具有紧密连贯、结构严谨等特点。

现在大幅面的图书、刊物等常用分栏的设计。

网格设计的结构应考虑灵活应用，使其布局不呆板。在现代设计中创造性地应用网格设计尤为重要（见图 4-1-2）。

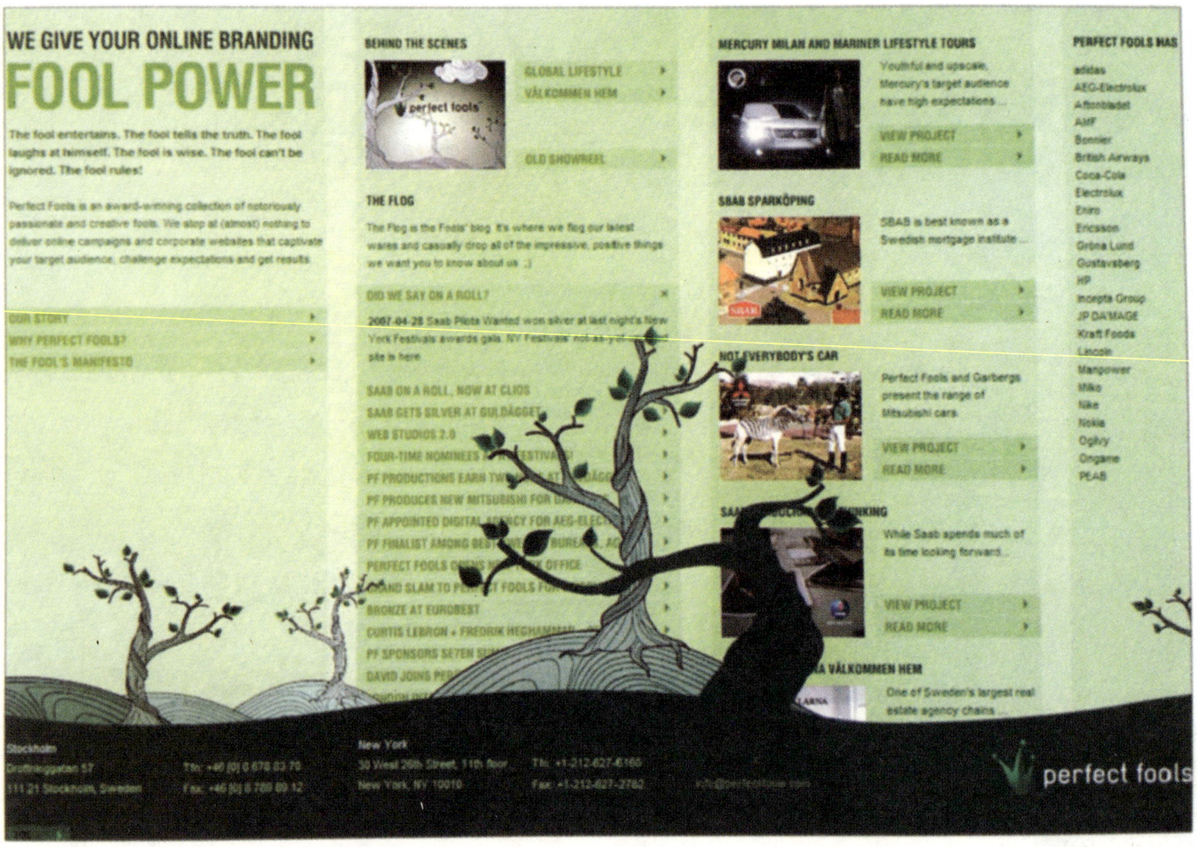

图 4-1-2　网格设计

4.1.3　自由版式设计

自诞生与发展的前提是科技成果的突破，计算机制版技术的产生。

自由版式设计的特点是版心无疆界，自由版式设计既不同于古典式的结构严谨对称，也不同于网格设计中的栏目条块分割，而是依照设计对象中字体、图形的内容随心所欲地自由编排，实物所占空间与空白间隙同等重要，无所谓天头、地脚、订口、切口，可让读者产生丰富的想象空间（见图 4-1-3）。

字图一体性是指把文字作为图形的一部分，将此“文字图形”作为一幅绘画作品，运用形式美的节奏、韵律、垂直、倾斜及虚实等手法，达到字图一体；还可将文字叠加、重合等，以增加空间厚度和层次（见图 4-1-4）。

图 4-1-3　自由版式设计

图 4-1-4　字图一体

4.1.4　版式设计的艺术规律

1. 对称与均衡

对称是同等同量同形的平衡，均衡是变化的平衡。对称的特点是稳定、整齐、庄严，但是单调、呆板。均衡是不对称的平衡，可补对称之不足，它既不破坏平衡，又在同形不等量或等量不同形的状态中使平衡有所变化，从而达到一种静中有动、动中寓静的条理美和动态美。

两个同一形的并列与均齐，就是最简单的对称形式。对称的形式有以中轴线为轴心的左右对称；

以水平线为基准的上下对称、以对称点为源的放射对称；以对称面出发的反转对称。其特点是稳定、庄严、整齐、秩序、安宁和沉静。

均衡是一种有变化的平衡。它运用等量不等形的方式来表现矛盾的统一性，揭示内在的、含蓄的秩序和平衡，达到一种静中有动或动中有静的条理美和动态美。均衡的形式富于变化、趣味、具有灵巧、生动、活泼及轻快等特点（见图 4-1-5）。

图 4-1-5　均衡在书籍版式设计中的运用

2. 比例与尺度

比例在设计中是指整体与局部、局部与局部，以及某一整体与其他整体在大小、长短、宽窄、轻重等方面的数量关系。成功的版面构成，首先取决于良好的比例。比例常常表现出一定的数列：等差数列、等比数列等。古希腊的毕达哥拉斯发现的黄金分割律（1 ∶ 1.618，约相当于 5 ∶ 8），深刻影响着后人对美的比例进行研究，至今仍发挥着作用。合适的比例必须符合设计对象和主体的要求，以及人们的习惯。尺度与比例是形影相随的，没有尺度就无法具体判断比例。和谐、完美的效果依赖于合适的比例和尺度。

根据人们的视觉习惯，当打开书本时，往往不是先从第一行的第一个字读起，而是先纵观一下全部版面，而视线往往落到版面的中间偏上、偏左的地方。当人们的视线从双页码移到单页码的一个版面时，重点往往又落到偏上偏右的地方（见图 4-1-6）。

3. 对比与调和

对比，即强调差异性，着意让对立的要素互相比较，产生大小、明暗、黑白、轻重及虚实等的明显反差。调和是使两种或两种以上的要素具有共性、相辅相成，即形成差异面和对立面的统一。现代设计的形式处理，包括图形、形体、空间的对比，质地、肌理的对比，色彩对比，方向对比，表现手

图 4-1-6　版面视觉重点

法对比，虚实对比等。局部的对比必须符合整体协调一致的原则。对比与调和规律的运用可以创造不同的视觉效果和设计风格（见图 4-1-7）。

图 4-1-7　对比与调和

4. 节奏与韵律

节奏是按照一种条理和秩序作重复、连续排列而形成的一种律动形式。在设计中，有规律的重复和对比因素的存在是节奏产生的基本条件。如文字既有等距的连续，也有渐变、大小、长短、高低等不同的排列。韵律可看作节奏的较高形态，是不同节奏的美妙而复杂的结合（见图 4-1-8）。

图 4-1-8　节奏与韵律在书籍版式设计中的运用

5. 变化与统一

变化而又统一，是形式美的总法则，是对立统一规律在设计上的运用。变化和统一的结合是设计构成中最根本的要求。变化是一种智慧、想象力的表现，可造成视觉上的跳跃。它包含了本来具有的全面、多样的内容要素和自身矛盾的特殊性，但它必须统一在一个有机的整体之中。设计的整体性观念是以哲学、美学上的整体性思想为基础的。设计的整体观念，要求版面内诸构成要素相互依存、彼此联系、紧密结合，具有不可分离的统一性。只有树立设计的整体观念，才能覆盖和包容一切形式美的法则：整体美、和谐美、均衡美、对比美、节奏美等（见图 4-1-9）。

图 4-1-9　变化与统一在书籍版式设计中的运用

4.2 网 格 系 统

4.2.1　网格系统的重要性

不一定说所有版式编排都需要用网格来约束版面，但是网格系统在一定的程度上可以保持版面的均衡感，使图片和文字有一个排列的规则系统，从而让整个版面更加具有规划性，不管是什么样的板式设计，脱离了网格，很有可能会造成版面的混乱（见图 4-2-1）。

图 4-2-1　网格系统在书籍版式设计中的重要性

4.2.2　分栏与分块

分栏和分块是网格的重要组成部分。简单来说，分栏意味着将当前页面中的内容整齐的分列；分块是分栏的基础上建立的横向划分，这样做的目的是使版面变得更灵活，图片和文字能够更加合理地进行排列（见图 4-2-2 和图 4-2-3）。

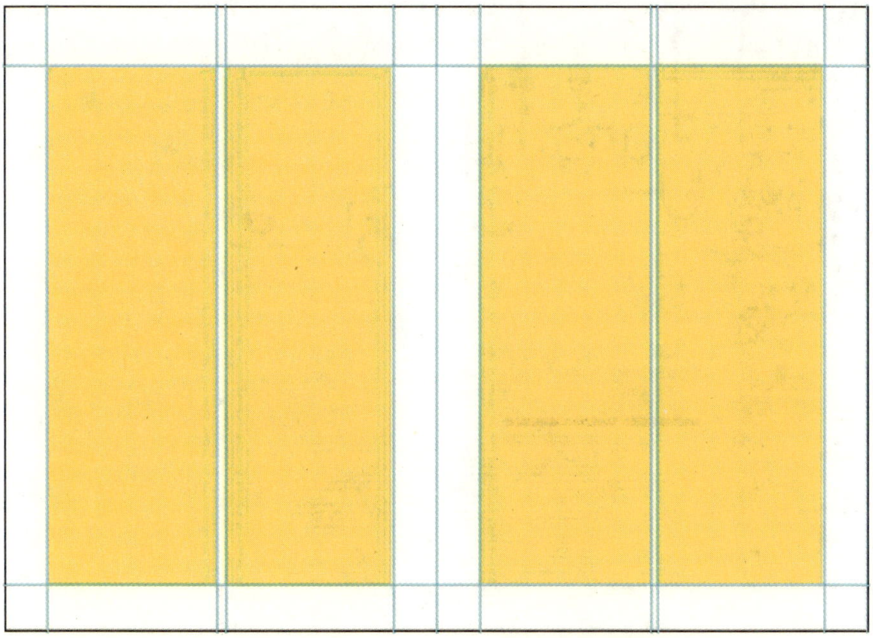

图 4-2-2　分栏

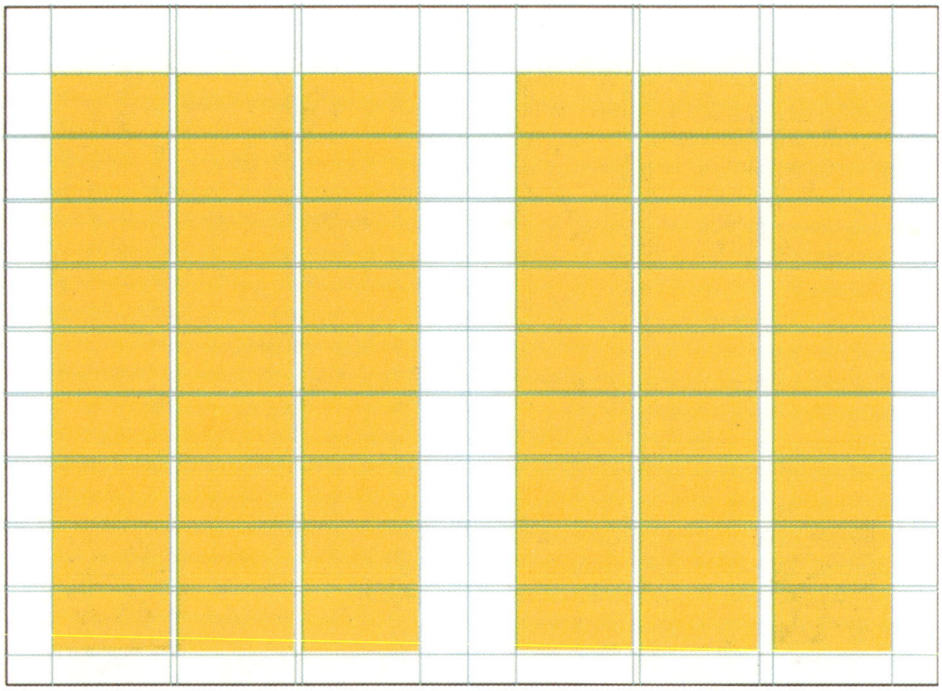

图 4-2-3　分块

4.2.3　网格的应用

利用网格可以排出灵活多变的书籍版式。要想在有限的网格中排出灵活的版式，首先需要将图片和文字进行合理的规划。还要根据图片和文字的类型在版面中进行留白处理，以增强版面的透气感（见图 4-2-4 和图 4-2-5）。

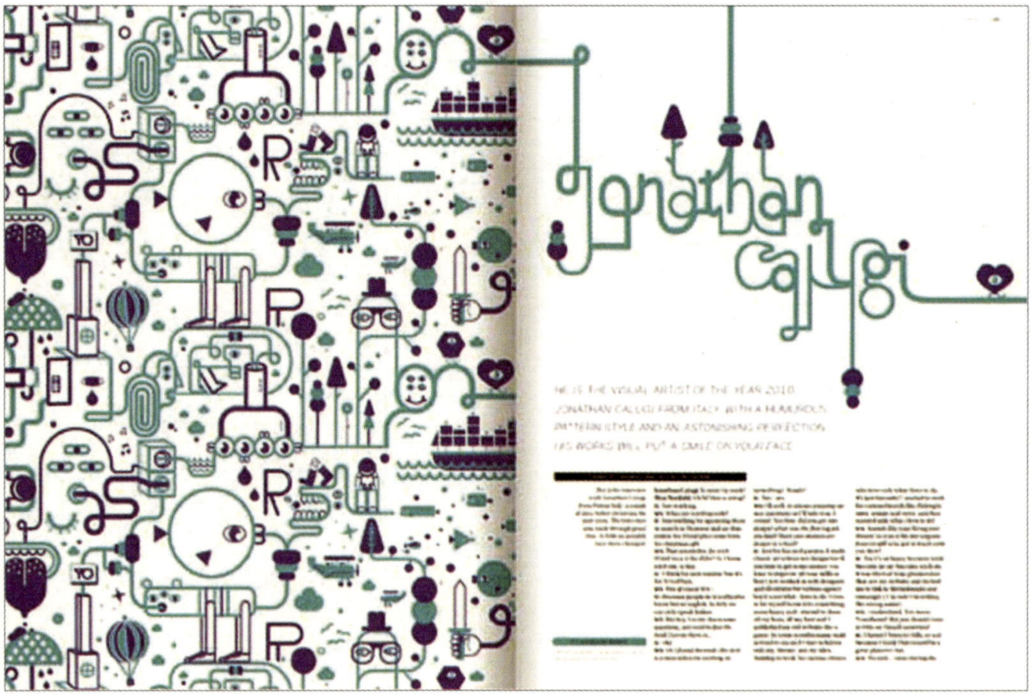

图 4-2-4　网格的应用

图 4-2-5　网格的应用

4.3　版式设计中的文字编排

4.3.1　印刷字规格

字级指印刷字的大小级别。号数制（铅排时代）分为初号、1 号、2 号……4 号、小 4 号、5 号、小 5 号、6 号及 7 号等。点数制（世界通用），即点的单位长度为 0.35mm。五号字为 10.5 点。

常用字号对照如表 4-3-1 所示。

表 4-3-1　　　常 用 字 号 对 照

号数制	2 号	3 号	4 号	小 4 号	5 号	小 5 号	6 号	7 号
点数制	21P	16P	14P	12P	10.5P	9P	8P	6P

4.3.2　版面字数

一定规格的版心内可容纳的字数，通常称为“版面字数”。计算时，须先根据版心的高与宽，以及所选定的字级，确定每行应排字数和每面应排行数；然后再将每行字数乘上每面行数。可容纳字数≠版心中实际字数。因为有空白之处，实际字数总是少于版面字数。

4.3.3　图表位置

图表位置指图片、表格等在版面上所处的地位。图表的特点是每一幅都构成版面上相对独立的

"块"，既比较突出，又不便分割，与文字形成的"块"有很大不同。应对其位置做出周详安排，使版面既显得活泼大方，又方便阅读。

4.3.4 文字的版式设计

1. 正文文字版式设计

包括对主体文字、标题、引文、注文（虽为辅文，但与正文同时设计）排式的设计。这些文字在表现形式上大多具有"线"的特征。

主体文字版式编排，有横排和直排两种样式。横排样式中，又有单栏、双栏、三栏及以上的多栏排式。

"单栏"，也称"统栏"，即版心不作纵向分隔，每行文字均从版心的左边一直排到版心的右边。行长较长，字级一般不能小于 15 级（约为五号字，10.5P）。单栏行长的极限为 120mm，一般在 100mm 左右。

"双栏"是将版心纵向分隔成两栏。行长缩短约一半。用字字级则可相对变小。既适应了目力对字级和行长的要求，同时也使版心获得了尽可能多的图文容纳量。刊物、工具书、图书辅文中的索引等多用这种排式。

多栏排式，是在图书开本相对较大而字级数相对较小的条件下所使用的排式。多用于大型开本的刊物、工具书、资料书和这类图书的缩印本。

主体文字应该选用清晰、整齐的字体，使人易读。一般多采用宋体（包括它的一些变体，如细宋体、报宋体、秀丽体等）或楷体。宋体字阅读最省目力，是大多数图书正文主体文字采用的基本字体（见图 4-3-1）。

图 4-3-1　宋体字体的运用

2. 标题排式设计

标题字级、字体必须依据图书类别、开本、标题等级，遵循字级大小有序、字体轻重相间的原则来选择。标题字级大小与主体文字字级大小的比率叫做跳跃率。跳跃率高的，版面容易生动活泼；反之，版面显得庄重规整。

标题的位置有居左、居右和居中三种。标题位置的设计，必须依据图书开本大小、标题文字多少及版面整体布局等实际状况择善而行。

标题字空：为了使标题在字数较少的情况下不显得紧逼局促、虚实失衡，除每一个字本身所具有的字肩空距外，必须再适当增加间空。一般规律为二字间二（字），三字间一，四字间半，五字以上不加空。

标题占行指标题在版心中占一定的行数，既为字级大于主体文字的标题提供了必要的空间，同时又产生了标题在一定空间中鲜明、突出、醒目的效果。各级标题的占行数与标题等级相关。标题占行数为一级标题最多占一面行数的 1/3 左右，二级标题可占 2 ~ 3 行，三级标题可占 1 ~ 2 行，四级及以下标题可占 1 行或不占行。各级标题的占行数一经设定，全书必须一致。只有在两级标题连排的情况下，可省减一行，以免空间过于稀疏。

字号的改变会影响版面的视觉度，这种分级的形式在杂志版面中比较常见。读者在阅读杂志时，往往会选择自己感兴趣的内容进行阅读。头版头条的标题字号会大于其他内容的标题，目的是吸引读者首先关注这个标题。标题的文字并不是越大越好，标题的突出固然重要，但是也不能让标题的文字和正文的文字字号相差太大，标题和正文的字号需要循序渐进、依次递减（见图 4-3-2）。

图 4-3-2　标题的文字

3. 文字设计的创造性

根据作品主题的要求，突出文字设计的个性色彩，创造与众不同的独具特色的字体，给人一种别开生面的视觉感受，这更加有利于作者设计意图的表现。

在文字中添加艺术效果后，文字本身就是一个艺术作品。在创作的时候有必要将文字笔划做合理的变形搭配，强调字体本身的结构，使之产生无限的图形趣味（见图 4-3-3）。

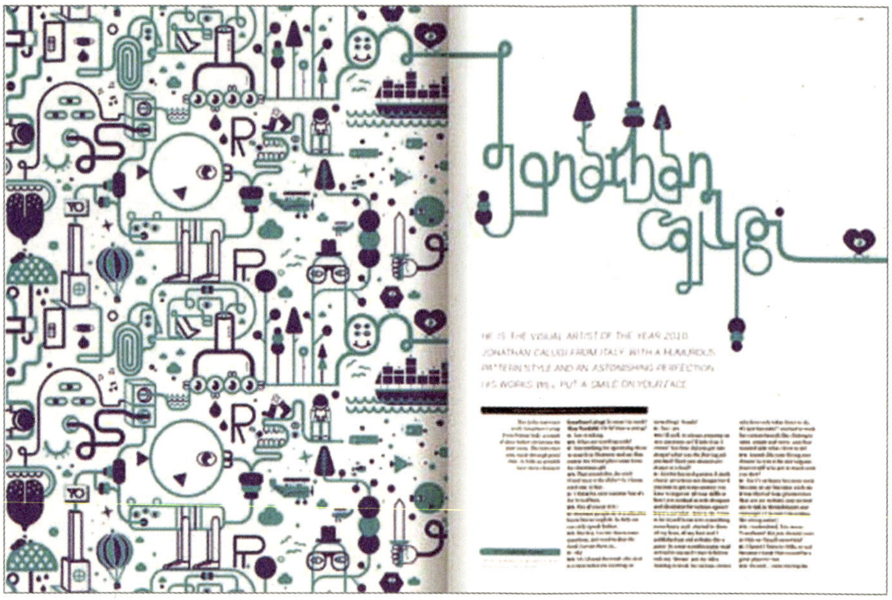

图 4-3-3　书籍版式中的字体设计

第5章
书籍装帧的创新设计

5.1 概念书籍的设计

概念书籍也是书籍装帧的一部分。它是在设计一本书的时候，采用一些概念型的东西，使书籍外观、所表达的含义，更有深意。

概念书籍设计是一门培养我们将书籍艺术形态转换成有效表现思想创造性设计启迪教育的课程。强调视觉艺术的概念书籍设计，目的是启发积极的创新性思想，培养创新思维意识的习惯（见图 5-1-1~ 图 5-1-3）。

图 5-1-1　概念书籍设计（一）

图 5-1-2　概念书籍设计（二）

图 5-1-3　概念书籍设计（三）

观念的突破，就是要突破以往的一种思维模式，此模式的形式是日积月累所致，它不但潜移默化地影响着人们的创新思维，而且还束缚着人们潜在的创新思维。卡夫卡曾说过："艺术家试图给人以另一副眼光，以便通过这种办法改变现实。" 所以现代设计师要将思维打开，吸收传统的良性因素，大胆地学习和采纳现代设计理念，用新的视角、新的观念，以及新的设计方式来不断提升书籍设计的审美功能与文化品位。

当形式有了姿态，它就立刻鲜活起来，一本普普通通的书，会因之活泼生动，使人爱不释手。当形式有了姿态，它也就有了生命。它会和读者交融，也能发出情感的信息，同时使书籍产生了主动的态势，伸出了它灵敏的触角。书籍设计中同样蕴涵着艺术的各种概念（见图 5-1-4）。

图 5-1-4　书籍中蕴涵着各种艺术概念

在这五彩缤纷的绚丽世界里，每天的新信息不断地冲击我们的大脑。信息在变，时代在变，书籍设计的今天，它承载了光荣而又艰巨的历史使命。它不仅仅是书，而且是一张光碟、一个容器，甚至是一件艺术品。

当我们把设计的功能暂时隐没，把形式进行挖掘，人们会发现：这时的概念会变得无比强大，同时也具有了无限的可能性。

5.2 电子书的设计

电子书代表人们所阅读的数字化出版物，从而区别于以纸张为载体的传统出版物。电子书是利用计算机技术将一定的文字、图片、声音、影像等信息，通过数码方式记录在以光、电、磁为介质的设备中，借助于特定的设备来读取、复制、传输。

电子书是指将文字、图片、声音、影像等讯息内容以数字化的出版物，以及植入或下载数字化文字、图片、声音、影像等讯息内容的集存储介质和显示终端于一体的手持阅读器。

5.2.1 电子书的三要素

（1）e-book。它主要是以特殊的格式制作而成，可在有线或无线网络上传播的图书，一般由专门的网站组织而成。

（2）电子书阅读器。它包括桌面上的个人计算机，个人手持数字设备（PDA），专门的电子设备，如“翰林电子书”。

（3）电子书阅读软件。如 ADOBE 公司的 Adobe Reader，Glassbook 公司的 Glassbook，微软的 MicrosoftReader，超星公司的 S SReader 等。可以看出，无论是电子书的内容、阅读设备，还是电子书的阅读软件，甚至是网络出版都被冠以电子书。

相关资料显示，中国已成为全球第二大电子书单一国家市场。2009 年中国电子书出货量达 382 万台，2010 年上半年出货量占全球总量超两成，仅次于美国，全年预计可达 910 万台。

5.2.2　电子书的特点

电子书的特点是显而易见的。首先是其方便性，可搜寻内容，改变字体大小及字型，且容量大，随时可网络下载，不受地域限制，省去舟车劳顿之苦。其次，电子书籍不仅可以降低图书成本，价格便宜，而且设计精美，灵活多样，具有多媒体功能。再次，可以节省保存书本所需空间。最后，电子书实现了产品零库存，全球同步发行，购买方便快捷。此外，节省纸张，减轻地球负担，零树木砍伐量，真正的环保低碳。

5.2.3　电子书的分类

电子书一般有 2 种含义，一指 e-book，一指专门阅读电子书的掌上阅读器。电子书的主要格式有 PDF、EXE、CHM、UMD、PDG、JAR、PDB、TXT 及 BRM 等，目前很多流行移动设备都具有电子书功能。电子书可支持于其阅读格式的手机终端，常见的电子书格式为 UMD、JAR、TXT 这三种。电子书是一种便携式的手持电子设备，专为阅读图书设计，它有大屏幕的液晶显示器，内置上网芯片，可以从互联网上方便的购买及下载数字化的图书，并且有大容量的内存可以储存大量数字信息，一次可以储存大约 30 本传统图书的信息，特别设计的液晶显示技术可以让人舒适的长时间阅读图书（见图 5-2-1~ 图 5-2-4）。

电子书便携、容易使用、大容量的特点非常适合现代生活。数字版权贸易和互联网技术的发展，使电子书的用户可以以更低的价钱方便的购买到更多的图书，为电子书的流行奠定了基础。

在《为什么人们喜欢翻页效果》中，曾谈到电子书阅读时，在界面设计上是否应该加入翻页效果。从文章所获得的反馈来看，读者的心理期待是各有不同的，有的人喜欢翻页效果，有的人则表示了强烈的不喜欢。

翻页效果明显是对现实书籍阅读的一种模仿，这种设计取向被称为“skeuomorphic”。在《交互

图 5-2-1　电子书方便阅读（一）

图 5-2-2　电子书方便阅读（二）

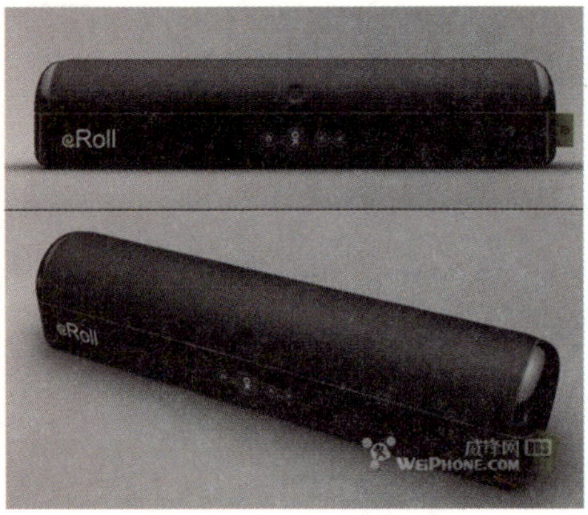

图 5-2-3 电子书方便携带

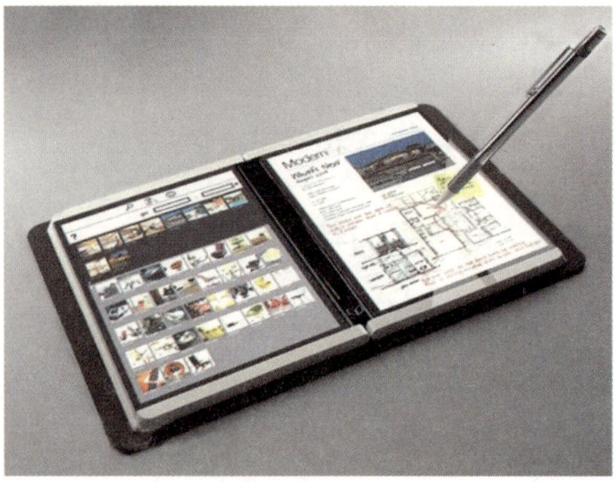
图 5-2-4 电子书方便阅读（三）

设计领域的包豪斯运动》中，曾提到苹果对这种设计理念的推崇，以及亲身的实践。在 iOS 的一些应用，比如 iCal、iBooks 中，苹果就采用了这种设计风格。对于这种设计取向，并不是所有的设计师都喜欢，BrooksReview 网站的 Ben Brooks 就曾写过一篇《界面不要模仿现实世界》，认为这种设计取向虽然从视觉角度让人惊讶，但是可能会形成非常糟糕的计算机界面。

由于理念的不同，有些设计师在做阅读应用的时候，并不追求对纸质书阅读的模仿。诺基亚官方博客曾有过一篇采访 Nokia Reading 主设计师的文章。在访谈中，主设计师 Tim Geoghegan 提到 Nokia Reading 的设计理念："在屏幕的下方不会有卷页的效果，当你翻书的时候，也不会有翻页动画。没有必要假装它是一本纸书：它比纸书要好。""我们想要以一种真实电子感的方式来对待内容，给人们展示手机上的阅读在某些方面要比纸书好。"随着科技的不断进步，现在电子书也越来越流行起来，那些传统的纸制书籍或许也会有一天会被人们淡忘，我想那一天的到来应该也只是时间的问题。这款由设计师 Dragan Trencevski 所带来的卷轴式概念设计的电子书 eRoll，却能让我们能想起以前古人们所使用的卷书。这款 eRoll 电子书有着一张薄如纸一般的可收卷式的显示屏，使用时只需将它从卷筒里展开出来便可以操作使用了。这种卷轴设计的电子书携带起来很方便，虽说目前还是处与概念的阶段，但相信在不久的将来一定会成为现实的。

第6章
书籍印刷工艺

6.1 制　　版

“书籍的制版”是制造供印刷书页用的版。“版”也称印版，是用于传递油墨或其他黏附色料至承应物上的印刷图文载体。印版版面上吸附油墨的部分为印刷部分，即图文部分；而不吸附油墨的部分为空白部分，即非图文部分。

“印版”是书籍印刷中印刷图文的底子。随着计算机技术的发展，书籍的印刷形式也在不断变化。因此，从这一角度说，现今的“印版”具有更为广泛的意义。印刷是书籍装帧的重要手段，其工艺以平版、凸版、凹版印刷工艺为主。印刷的合理运用和质量好坏是书籍设计作品体现的重要因素，了解印刷工艺流程、合理运用印刷工艺，才能更好地为书籍装帧设计服务。

6.1.1　凸版印刷

1. 凸版印刷的定义

使用凸版（图文部分凸起的印版）进行印刷，印板上的图文信息高于空白区域，是主要印刷工艺之一。铅印和中国古代的雕版印刷均属此范围，常用于书籍内文、单据、票证、电化铝热（见图6-1-1）。

图6-1-1　凸版印刷机

凸版印刷原理：印刷机的给墨装置先使油墨分配均匀，然后通过墨辊将油墨转移到印版上。凸版上的图文部分远高于非图文部分，因此，油墨只能转移到印版的图文部分，而非图文部分则没有油墨。给纸机构将纸输送到印刷部件，在印刷压力作用下，印版图文部分的油墨转移到承印物上，从而完成一次印刷品的印刷。

常见的凸版印刷方式：活字印刷（包括泥活字、铅活字）和柔性版印刷。

柔性版印刷原理：墨斗中的油墨，在柔性版印刷部件中的网纹辊的作用下进行。网纹辊表面的油墨在刮墨刀的作用下被刮去，这样，油墨只存在网纹辊的网穴中，网穴中的油墨在压力的作用下，转移到柔性印版上。最后，在印刷压力的作用下，将印版上的油墨转移到承印物上。

2. 凸版印刷的特点

（1）印刷品的特点：纸背有轻微印痕凸起，线条或网点边缘部分整齐，并且印墨在中心部分显得浅淡。

（2）印刷特点：墨色较浓厚（墨层厚度约为 7μm）。可印刷于较粗糙的承印物，色调再现性一般。

（3）应用范围：商标、包装装潢印刷和报纸印刷等。

6.1.2 凹版印刷

1. 凹版印刷的定义

凹版印刷简称凹印，是四大印刷方式其中的一种印刷方式。凹版印刷是一种直接的印刷方法，它将凹坑中所含的油墨直接压印到承印物上，所印画面的浓淡层次是由凹坑的大小及深浅决定的，如果凹坑较深，则含的油墨较多，压印后承印物上留下的墨层就较厚；相反如果凹坑较浅，则含的油墨量就较少，压印后承印物上留下的墨层就较薄。凹版印刷的印版是由原稿图文相对应的凹坑与印版的表面所组成的。印刷时，油墨被充填到凹坑内，印版表面的油墨用刮墨刀刮掉，印版与承印物支一定的压力接触，将凹坑内的油墨转移到承印物上，完成印刷。

凹版印刷作为印刷工艺的一种，以其印制品墨层厚实、颜色鲜艳、饱和度高、印版耐印率高、印品质量稳定和印刷速度快等优点在印刷包装及图文出版领域内占据极其重要的地位。从应用情况来看，在国外，凹印主要用于杂志、产品目录、包装、钞票、邮票等；在国内，凹印则主要用于软包装印刷，随着其技术的发展，在纸张包装、木纹装饰、皮革材料、药品包装上得到广泛应用。当然，凹版印刷也存在局限性，其主要缺点有：印前制版技术复杂、周期长，制版成本高；由于采用挥发性溶剂，车间内有害气体含量较高，对工人健康损害较大；凹版印刷从业人员要求的待遇相对较高（见图 6-1-2）。

2. 凹版印刷的特点

凹版印刷时的载墨体是雕刻于印刷版上的一个个凹坑，凹坑的形状与原稿图文一模一样，印版表面没有油墨。当印版与承印物压印接触时，凹坑内的油墨被转移到承印物表面，完成印刷过程。因此，凹版印刷具有一些与其他印刷方法不同的独有特点。

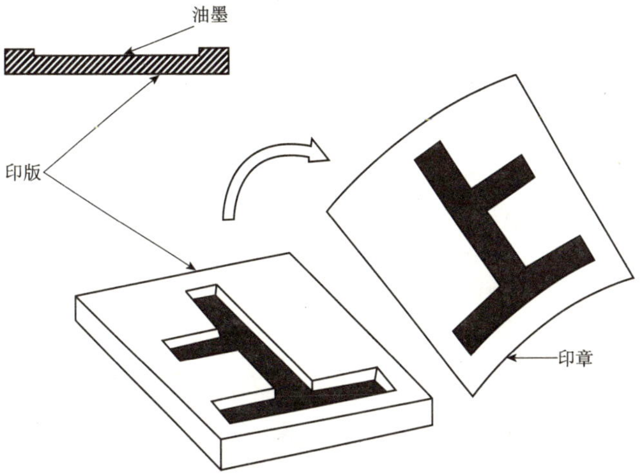

图 6-1-2　凹版印刷原理图

（1）防伪特点。

凹版印刷的线条粗细及油墨的浓淡层次在刻版时可以任意控制，不易被模仿和伪造，尤其是墨坑的深浅。因此，目前的纸币、邮票、股票等有价证券，一般都用凹版印刷，具有较好的防伪效果。目前一些企业的商标甚至包装装潢已有意识的采用凹版印刷。

（2）适用范围广。

一般的软材料都可以作为凹版印刷的承印物，如塑料、纸张、铝箔等，特别对于一些易于延伸变形的材料，如纺织材料等，具有较好的适应性，这是凸版印刷和平版印刷所不能比拟的。

（3）印刷质量高。

凹版印刷的用墨量大，图文具有凸感，且层次丰富，线条清晰，质量高。书刊画报，包装装潢等印刷大多采用凹版印刷。

（4）适宜大批量印刷。

凹版印刷的制版周期较长，成本高，但是印版经久耐用，所以适宜大批量的印刷。批量越大，效益越高，对于批量较小的印刷，效益较低。

3. 凹版印刷的种类

凹版印刷的种类根据制版方法分为两类：雕刻凹版和腐蚀凹版。

（1）雕刻凹版。

雕刻凹版是用刻刀直接在印版滚筒的表面刻出与原稿图文相对应的凹坑，按刻刀的控制方法可分为手工雕刻凹版、机械雕刻凹版及电子雕刻凹版。

1）手工雕刻凹版。手工雕刻凹版是技术人员用刻刀在印版滚筒的表面按照原稿图文进行手工雕刻制成的，印版材料可用铜板或钢板。

2）机械雕刻凹版。机械雕刻凹版是用机械控制刻刀在印版滚筒的表面进行雕刻制作的，它减轻了手工雕刻的繁重劳作，制版速度快，周期较短，制版费用也较低。

3）电子雕刻凹版。电子雕刻凹版是由电子控制装置控制刻刀在印版滚筒表面进行雕刻的。利用电子雕刻机，按照光电原理，控制雕刻刀，在滚筒表面雕刻出网穴，其面积和深度同时发生变化。

（2）腐蚀凹版。

腐蚀凹版是按照原稿图文用化学腐蚀的方法在印版滚筒的表面蚀刻出一个个墨坑制成的。根据原稿图文转换方法的不同，可将腐蚀凹版分为蚀刻凹版、照相凹版和网点凹版。

蚀刻凹版是用雕刻与腐蚀相结合的制版方法制成的。即先用手工雕刻出原稿图文的形状，再用腐蚀的方法制出凹版。

照相凹版应用比较广泛，是凹版印刷中应用最多的印版，主要用于印刷画版等。

网点凹版主要用于包装装潢印刷及建材印刷等。凸版、凹版印刷为单色印刷，两者结合成为凸凹版印刷，这种印刷具有一定的防伪性。

6.1.3 平版印刷

1. 平版印刷定义

凡是印刷部分与非印刷部分均没有高低之差别，亦即是平面的，利用水油不相混合原理使印纹部分保持一层富有油脂的油膜，此种印刷方法，称为“平版印刷”，平版印刷也称为“胶印”（见图 6-1-3）。

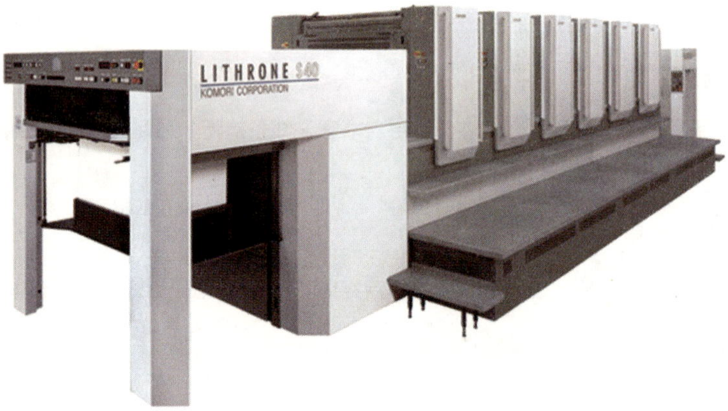

图 6-1-3 海德堡四色平版印刷机

2. 平版印刷基本原理

平版印刷是由早期石版印刷而发展命名的，早期石版印刷其版材使用石块磨平后应用，之后改良为金属锌版或铝版为版材，但其原理是不变的。由于平版印刷印版上的图文部分与非图文部分几乎处于同一个平面上，在印刷时，为了能使油墨区分印版的图文部分还是非图文部分，首先由印版部件的供水装置向印版的非图文部分供水，从而保护了印版的非图文部分不受油墨的浸湿。然后，由印刷部件的供墨装置向印版供墨，由于印版的非图文部分受到水的保护，因此，油墨只能供到印版的图文部分。最后是将印版上的油墨转移到橡皮布上，再利用橡皮滚筒与压印滚筒之间的压力，将橡皮布上的油墨转移到承印物上，完成一次印刷，所以，平版印刷是一种间接的印刷方式。

3. 平版印刷之优缺点

（1）优点：制版工作简便，成本低廉。套色装版准确，可以承印大数量印刷。

（2）缺点：因印刷时水胶之影响，色调再现力减低，鲜艳度缺乏。特殊印刷应用有限。

平版印刷主要应用范围：海报、简介、说明书、报纸、包装、书籍、杂志、月历以及其他有关彩色印刷和数量较大的印刷物。

4. 平版印刷工艺过程

平版印刷基于油水相斥原理，其印刷工艺过程如下。

（1）在平版上形成着墨的图像部分。图像能够直接用油性铅笔在平版上画出，也可用照相方法形成。

（2）印版供水。因为油水相斥，水被图像所排斥，所以水覆盖了印版的非图文部分。

（3）给整个版面覆盖一层油墨，因为油水相斥，油墨被着水部分所排斥，所以油墨黏附到油性图像上。

（4）纸张被压印在平版表面，着墨的图像也就转移到了纸上。

6.2 拼　　版

6.2.1 设计与印刷的基本知识

（1）相关设计软件：运用 Photoshop 软件进行书籍设计制作时其色彩模式应用 CMYK，发片可用 PSD、TIFF、JPEG 格式；CorelDRAW 和 Illustrator 软件设计制作的文字要转曲。

（2）书籍设计的尺寸不能大于印刷成品用纸尺寸。

（3）书籍设计时页面须设计出血尺寸，四边比成品大 3mm，以便装订裁切。

（4）根据印刷机，设计数字拼版，减去多余的设计出血尺寸，留印刷大版出血尺寸，如 4 开、8 开、对开、全开尺寸。

6.2.2 拼版的基础知识

在印前或制版过程中，需要将设计的小幅页面，拼版成适合印刷机大小的印刷版尺寸。拼版可用计算机自动拼版，或请菲林输出公司用计算机自动拼版，或送印刷厂手工拼版。然而，手工拼大版存在误差，计算机拼版精确无误差。拼版需要掌握的以下因素。

（1）在拼大版的版式中，最大的尺寸就是未裁切的纸张尺寸（对开纸或四开纸），第二个尺寸就是裁切尺寸。

（2）成品裁切尺寸要小于印刷纸张尺寸。

（3）大版拼版出血 3mm。

6.2.3 拼大版

（1）自翻版拼版。

这种印刷方式是将一张纸的正反面内容同时拼在一块印版上，即该印版的一半拼上正面的内容，另一半则拼上背面的内容，在纸张的一面印刷后，继而横向翻转纸张，以纸张同一的长边的“咬口边”，在其背面印刷，经两次印刷完成后需要在中间切开，从而得到两份相同的印件。这种印刷方式的最大优势是可以节约一半以上的印版使用量，从而降低印刷成本。

（2）翻转式拼版（大翻版）。

使用同一块印版在纸张的一面印刷后，继而纵向翻转纸张，在其背面印刷，而以纸张的另一边作“叼口”俗称“打翻斗”。采用这种印刷方式时，拼版时留下的空白纸边前后要求一致，以便正反面的套准。

6.2.4 分贴和分版

（1）印版分贴、分版。

根据装订和印刷的要求，合理地安排整本书书芯的书贴和顺序称为分贴。把每个书贴的印版按翻版印刷或是套版印刷的要求合理排位置称为分版。根据开数、页数和装订形式，书贴的页码编排亦是不相同的。

（2）翻版和套版的基本分版方法。

书刊印刷主要有翻版和套版印两种。翻版印刷的分贴和分版，是根据书刊的页码顺序，按贴把页码分组即可，装版时按页码顺序进行摆版。套版印刷分贴在同等印刷幅面，页码比翻版印刷增加一倍，装版时印版按正反两面分成两组，才能进行摆版。如书贴书页 16 页，印版 32 块，正面页码顺序：1、4、5、8、9、12、13、16、17、20、21、24、25、28、29、32，反面页码顺序：2、3、6、7、10、11、14、15、18、19、22、23、26、27、30、31。

（3）翻倒套装版。

我们知道翻版印刷是上一次版可以印两面，一张纸可以印出两份相同的产品来；而套版印刷与翻版不同，它是装两次版，按装版要求先印正面或反面，装两次版，印刷两次完成一份产品。

6.3 设计与装订

书籍装订工艺就是将印好的书页、书帖加工成册，包括订和装两大工序。订就是将书页订成本，装是书籍封面的加工，就是装帧。

6.3.1　书籍装订工艺的演进

我国最早的书，是用皮带或绳子把写有文字的竹片、木片连串成册，称为“简策”。“简策”十分笨重，不易阅读。后来人们把写有文字的丝绢，按照文章的长短裁开，卷成一卷，有的还在丝绢两端配上木轴，便出现了“卷轴装”的书。纸张发明以后，把文字写在纸张上，按照一定的规格，向左右反复折叠成长方形的册子，将前后两页粘上硬纸或较厚的纸，作为封面和封底。这种装帧最初用于佛教经典，故叫“经折装”。

6.3.2　书籍装订工艺分类

1. 平订

平订即将印好的书页经折页、配贴成册后，在订口一边用铁丝订牢，再包上封面的装订方法，用于一般书籍的装订（见图 6-3-1）。

优点：方法简单，双数和单数的书页都可以订。

缺点：书页翻开时不能摊平，使阅读不方便；订眼要占用 5mm 左右的有效版面空间，降低了版面率。平订不宜用于厚本书籍，如用铁丝时间长容易生锈折断，影响美观且书页容易脱落。

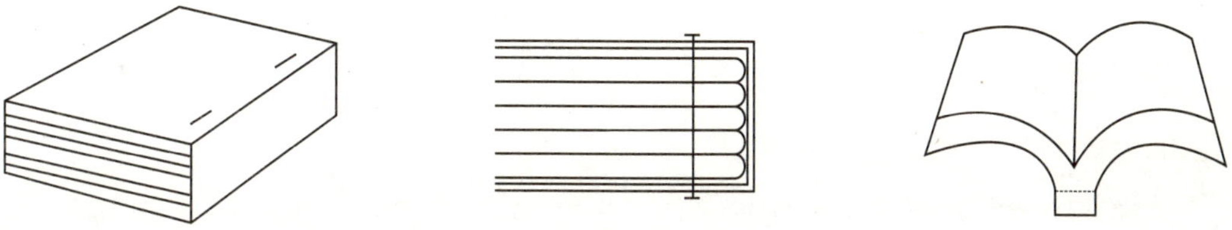

图 6-3-1　平订

2. 骑马订

骑马订是书籍最简单的装订形式，是将印好的书页连同封面，在折页的中间用铁丝订牢的方法，适用于页数不多的杂志和小册子。

优点：简便，加工速度快，订合处不占有效版面空间，书页翻开时能摊平。

缺点：书籍牢固度较低，且不能订合页数较多的书。

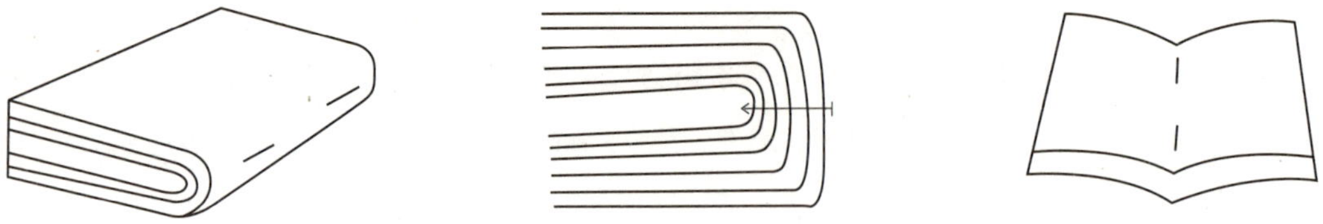

图 6-3-2　骑马订

3. 锁线订

锁线订又称有线胶粘订，是指将折页、配贴成册后的书芯，按照前后顺序，用线紧密地将各书帖串起来然后再包以封面（见图 6-3-3）。

优点：既牢固又易摊平，适用与较厚的书籍或精装书。

缺点：成本偏高，且书页也须成双数才能对折订线。

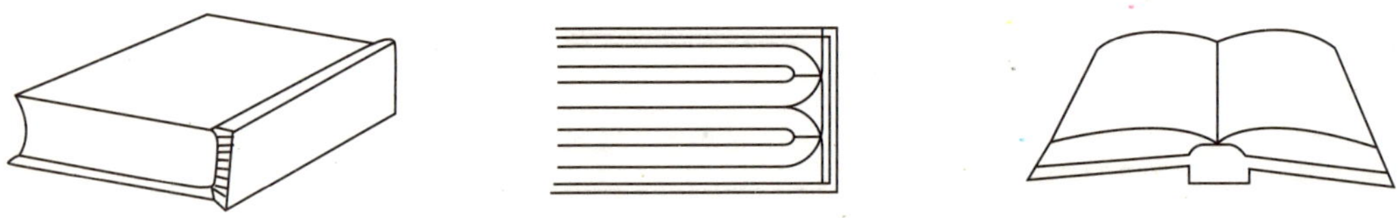

图 6-3-3　锁线订

4. 胶粘订

胶粘订又称无线胶粘订，是指用胶水粘合书页的订合形式，将书籍折缝割开或打毛，施胶将书页粘牢，再包上封面（见图 6-3-4）。

优点：方法简单，书页也能摊平，外观坚挺，翻阅方便，成本较低。

缺点：牢固度稍差，时间长了，乳胶会老化引起书页散落。

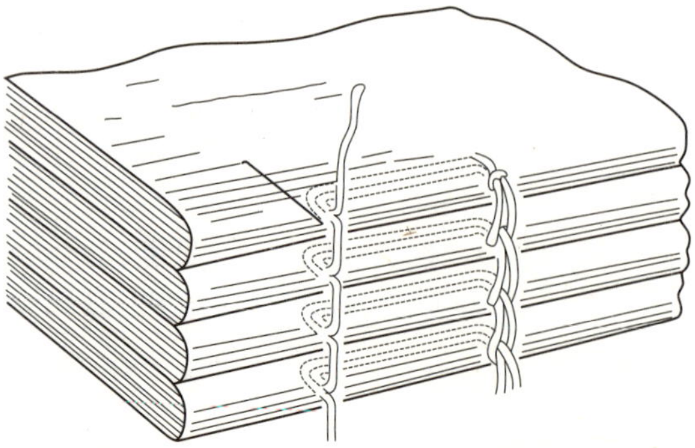

图 6-3-4　胶粘订

5. 活页订

活页订是在书的订口处打孔，再用弹簧金属圈或螺纹圈等采用穿锁扣的一种订合形式。单页之间不相粘连，适用于需要经常抽出来、补充进去或更换使用的出版物。此种书外观新颖美观，常用于产品样本、目录和相册等（见图 6-3-5）。

优点：可随时打开书籍锁扣，调换书页，阅读内容可随时变换。

图 6-3-5　活页订

作品欣赏

FASHION
FASHION

18
广专
18

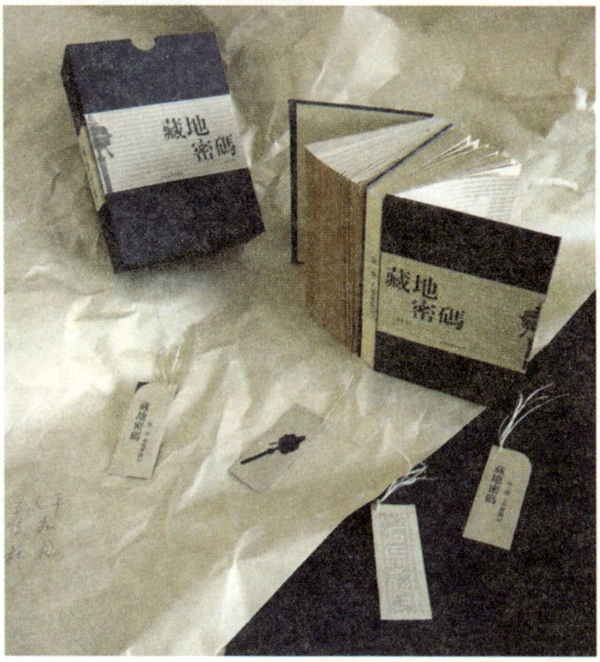
藏地密碼
藏地密碼

foreStation

TRES LOGOS
KRIMINAL

Extra Phaseshift

PATRICK SÜSKIN
Perfume
The Story of a Murderer

PATTERNS
DRUSILLA COLE

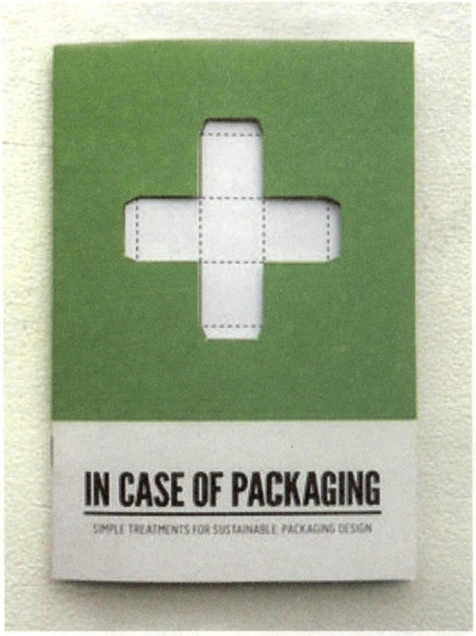
IN CASE OF PACKAGING
SIMPLE TREATMENTS FOR SUSTAINABLE PACKAGING DESIGN

6
Ambrose / Harris
PRINT & FINISH
v. the process of producing printed material
v. complete the manufacture or decoration of printed material
ava

intheDetail

PRINTWORK
PRINTWORK

回族典藏全書
回族典藏全書
回族典藏全書

张灯结彩

IMAGES RECORDING
“鸟巢”成长的影像
THE GROWTH OF
THE "BIRD-NEST"

春风沉醉的晚上
月牙儿
橘子红了

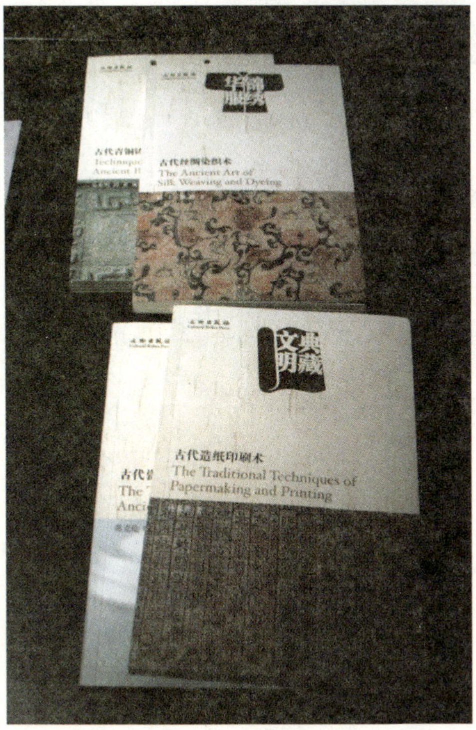
古代丝绸染织术
The Ancient Art of Silk Weaving and Dyeing
典藏文明
古代造纸印刷术
The Traditional Techniques of Papermaking and Printing

紫禁城记
双城记·长城记
The Great Wall

远去的
碎片

◎青青_主编
在那个年代
ZAI NAGE NIANDAI
我们的知青生活
入选

宋画全集

川剧

音符上的奥地利
——山水之间的音乐旅行

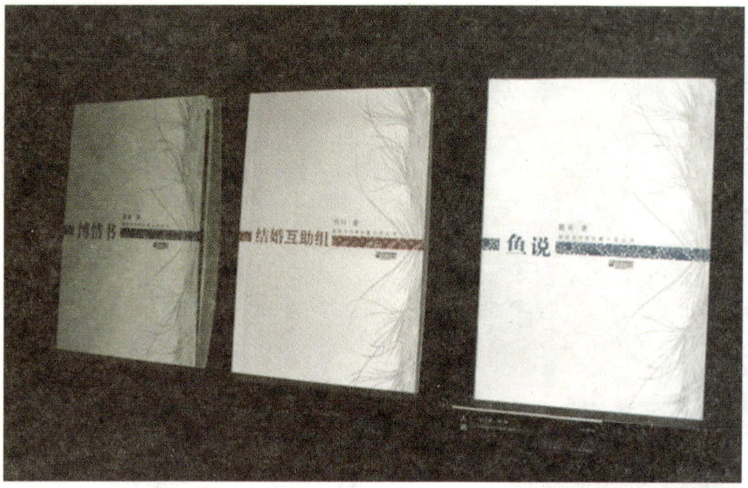
结婚互助组
鱼说

寻访

西湖的
Tales of West Lake
故事

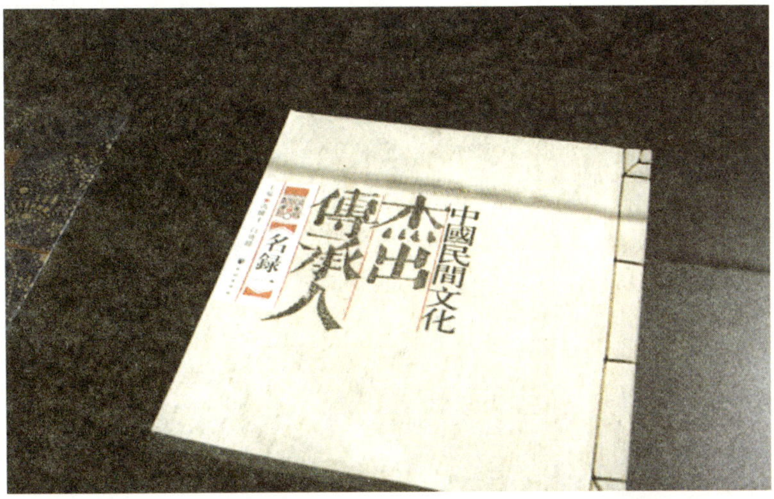
中國民間文化
杰出
傳承人
名録

闪开，让我歌唱八十年代
张立宪 著
入选

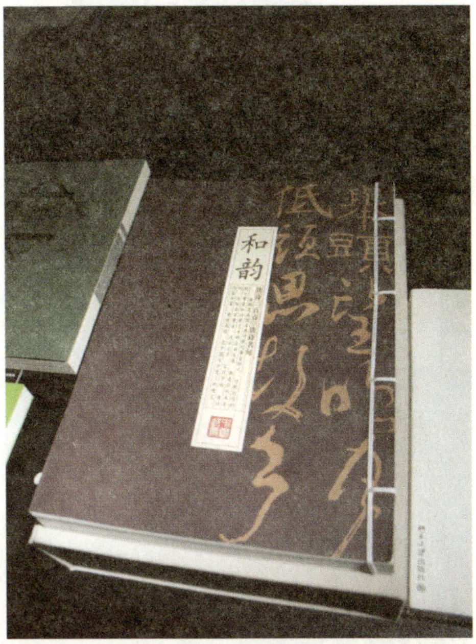
和韵

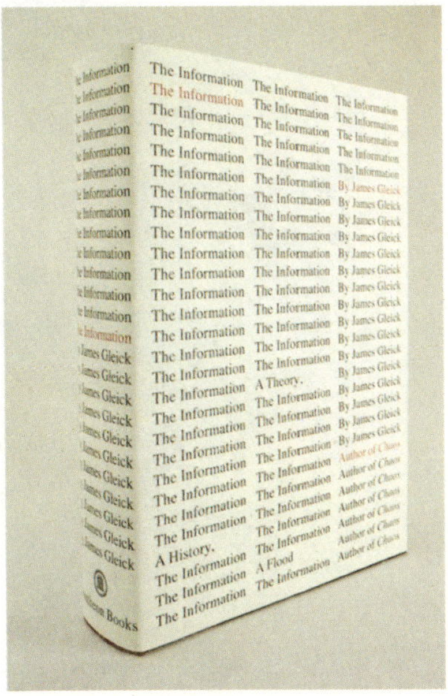
The Information
By James Gleick
Author of Chaos
A History,
A Theory,
A Flood

MATTHEW KNEALE
AUTHOR OF ENGLISH PASSENGERS
Winner of the Whitbread Award
WHEN WE
WERE ROMANS
A Novel

LOVE LIKE RAIN
Love Like Rain
A NOVEL
CHARLOTTE SAUGHTRY

THE CHRONICLES OF
Narnia
C.S LEWIS

crash
ENGLISH TEXT

PRZEWODNIK TURYSTYCZNY
Szlakami zamków krzyżackich
MUZA SA
PRZEWODNIK TURYSTYCZNY
Szlakami Krainy Orlich Gniazd
MUZA SA

einFach 1
Deutsch für Alltag und Beruf
einFach 2
Deutsch für Alltag und Beruf
einFach 3 gut
Deutsch für Alltag und Beruf
neu
Wydawnictwo Szkolne PWN
Wydawnictwo Szkolne PWN

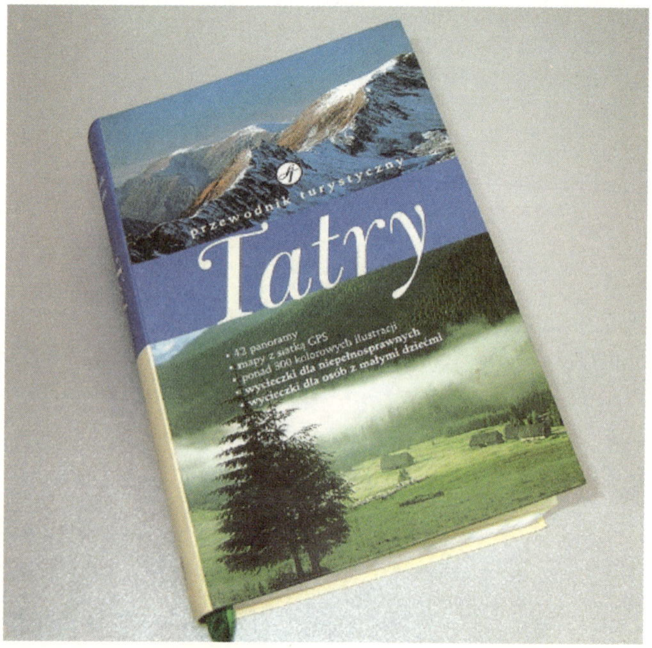
przewodnik turystyczny
Tatry
42 panoramy
mapy z siatką GPS
ponad 300 kolorowych ilustracji
wycieczki dla niepełnosprawnych
wycieczki dla osób z małymi dziećmi

DÉJÀ-VU
ZESZYT ĆWICZEŃ
DÉJÀ-VU
PODRĘCZNIK
Wydawnictwo Szkolne PWN

Na und?
Podręcznik do języka niemieckiego dla szkół średnich
2
Wydawnictwo Szkolne PWN

COLLECTED COLOURS

易卜生
戏剧的自由观念
Henrik Ibsen

Livre de l'élève
学生用书
Reflets
走遍法国

My China Daily
找不着北
CCTV洋主播的中国故事
外语教学与研究出版社

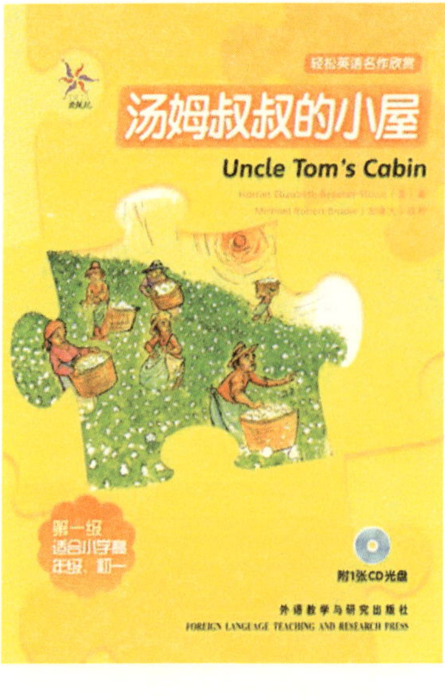
轻松英语名作欣赏
汤姆叔叔的小屋
Uncle Tom's Cabin
第一级
适合小学高年级、初一
附1张CD光盘
外语教学与研究出版社
FOREIGN LANGUAGE TEACHING AND RESEARCH PRESS

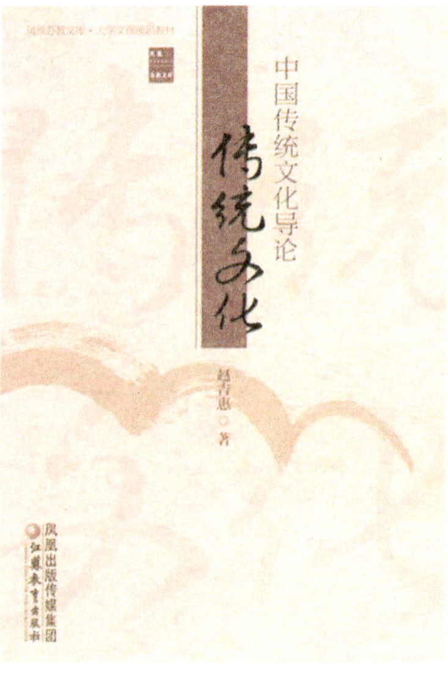
中国传统文化导论
传统文化
赵吉惠 著
凤凰出版传媒集团
江苏教育出版社

"Kaslik's prose cuts like a scalpel."
—The Gazette (Montreal)
THE ANGEL RIOTS
Ibi Kaslik

The Uses and Abuses of History
Margaret MacMillan

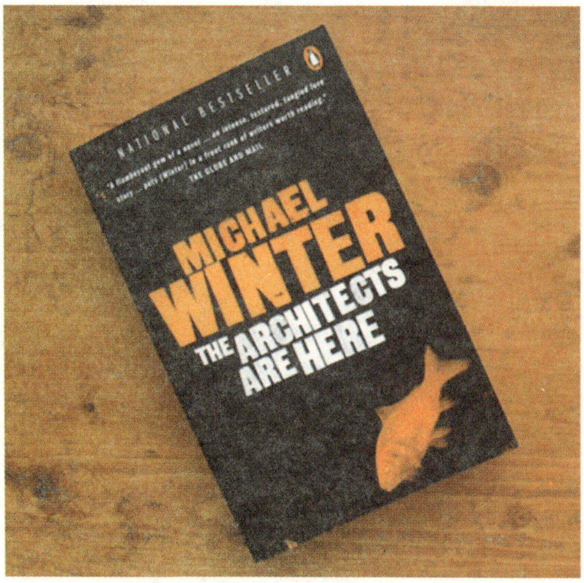
NATIONAL BESTSELLER
MICHAEL WINTER
THE ARCHITECTS ARE HERE

参 考 文 献

［1］ 余秉楠．书籍设计．武汉：湖北美术出版社，2001.

［2］ 吕敬人．设计时代——从装帧到 BOOK DESIGN. 石家庄：河北美术出版社，2002.

［3］ 吕敬人．书籍设计．北京：中国青年出版社，2006.

［4］ eye4u 视觉设计工作室．进阶理解版式设计．北京：中国青年出版社，2009.

［5］ 任雪玲．书籍装帧设计．北京：中国纺织出版社，2010.